Kölsch/Pietsch
Seil-Settings

Hubert Kölsch
Monika Pietsch

Seil-Settings

Teamtrainings erlebnisorientiert gestalten

Hubert Kölsch ist Seminarleiter, Coach und Autor. Nach seinem Studium begann er im Bereich Erwachsenenbildung zu arbeiten und absolvierte eine dreijährige Ausbildung in systemischer Familientherapie und Beratung. Er arbeitet für Firmen, Mittelstandsunternehmen sowie soziale Einrichtungen und bietet individuelles Coaching an.
www.hubert-koelsch.de

Monika Pietsch ist Leiterin eines Schullandheims, Trainerin und Moderatorin. Sie hat eine Trainerausbildung und mehrere Zusatzausbildungen im Bereich Kommunikation und systemischer Beratung absolviert. Sie bietet Teamtrainings und Großgruppenmoderationen für Firmen und soziale Einrichtungen an.
www.training-konstruktiv.de

Dieses Buch ist auch als E-Book erhältlich
ISBN 978-3-407-29234-6

Lektorat: Ingeborg Sachsenmeier

© 2012 Beltz Verlag · Weinheim und Basel
www.beltz.de
Herstellung, Innengestaltung und Satz: Sarah Veith
Illustrationen Innenteil: BlützezeitDesign/Stefanie Rinkenbach
Druck: Beltz Druckpartner GmbH & Co. KG, Hemsbach
Umschlagkonzept: glas ag, Jugenheim-Seeheim
Umschlaggestaltung: Nancy Püschel
Umschlagabbildung: Getty Images, Photoconcepts/Frank and Helena
Printed in Germany

ISBN 978-3-407-36518-7

Inhaltsverzeichnis

Prolog

Liebe Leserin, lieber Leser,

herzlich willkommen. Vielen Dank für Ihre Zeit und Ihr Interesse an Teams, Erlebnispädagogik, Coaching und Seilen. Wir möchten Sie in diesem Buch auf eine Reise schicken und Ihnen die unterschiedlichen Facetten eines Trainings vorstellen: von der Idee über die Planung und Durchführung bis hin zur Folgeveranstaltung, dem Follow-up. Wir haben das Rad nicht neu erfunden, sondern bemühen uns, Ihnen neue Sichtweisen und Herangehensweisen anzubieten.

Dieses Buch richtet sich an Menschen, die von Erlebnispädagogik und ihren Möglichkeiten fasziniert sind. Einige arbeiten schon lange in diesem Bereich, andere beginnen diese Arbeit gerade kennenzulernen. Wir wünschen uns Menschen mit offenem Herzen und kreativem Verstand. Lassen Sie sich von der Reise inspirieren, entwickeln Sie unsere Ideen weiter, und haben Sie Freude am Lesen.

Unser Ziel ist es, Teamtrainings als Erlebnis vorzustellen und zu beschreiben, und wir sprechen Sie in verschiedenen Dimensionen an: Emotion, Verstand, Fakten, Fantasie, Kreativität und Humor. In diesem Buch gibt es drei Ebenen, auf denen die unterschiedlichen Themen bearbeitet, erklärt und reflektiert werden.

Es gibt eine Rahmenhandlung, durch die Sie zwei Protagonisten begleiten. Dazwischen werden die theoretischen Aspekte besprochen, und drittens zeigen wir Ihnen die dazu passende Aufgabe mit dem Seil. Sie haben mehrere Möglichkeiten, mit dem Buch zu arbeiten: von der ersten bis zur letzten Seite zu lesen, im Theorieteil zu schmökern oder die Übungen kennenzulernen und auszuprobieren.

Wie ist die Idee zu diesem Buch entstanden? Wir sind beide seit über 20 Jahren als Seminarleiter, Trainer und Coach aktiv, und wir integrieren stets die Kenntnisse und Erfahrungen aus der Erlebnispädagogik in unsere Arbeit. Auch wenn die Trainingsform heute Outdoortraining genannt wird, sehen wir uns in der Tradition der Erlebnispädagogik. »Lernen mit Kopf,

 Infos

 Übungen

Herz und Hand« von Pestalozzi charakterisiert uns ebenso wie Kurt Hahns »Erziehung zur Verantwortung«. Wir sind der Überzeugung, dass Fachwissen gelehrt werden kann, Teamwerte wie Verantwortung, Planungskompetenz und das menschliche Miteinander jedoch am besten durch das eigene Erleben vermittelbar sind.

Da wir viele Trainings auch gemeinsam durchführen, gibt es immer wieder Zeit für den Austausch von Ideen und Diskussionen. So sprachen wir eines Abends darüber, wie faszinierend es ist, mit einem Seil und nur wenigen Hilfsmitteln viele unterschiedliche Settings für Teamprozesse gestalten zu können. Immer, wenn wir unterwegs waren, diskutierten wir weiter über die Idee, und so entstanden Schritt für Schritt die Inhalte dieses Buches.

Viele Übungen werden Sie beim Lesen wiedererkennen. Wir möchten zeigen, wie Sie mit ein und derselben Übung durch Kreativität und Ideenreichtum eine große Anzahl unterschiedlicher Settings entwickeln können. Als Medium, Metapher und Mittel dient das Seil. So können Sie mit geringem Aufwand und hoher Kreativität spannende Teamprozesse erleben und ein hohes Maß an Veränderungspotenzial schaffen. Die bekannte und traditionelle Übung »Spinnennetz« ist dafür das beste Beispiel.

Unser Wunsch ist es, Möglichkeiten zu beschreiben und aufzuzeigen, welche Vielfalt von Varianten es innerhalb einer einzelnen Aufgabenstellung gibt. Wir möchten die Faszination beschreiben, wie einfach und präzise die unterschiedlichen Teamprozesse durch das Medium Seil abgebildet werden können. Aber: Wir wollten kein weiteres Theoriebuch schreiben und haben uns daher eine Rahmenhandlung ausgedacht, in der viele Themen angesprochen und bearbeitet werden. Bevor wir beginnen, möchten wir Ihnen die beiden Protagonisten vorstellen, die Sie durch das Buch begleiten werden:

- **Sarah Mikkel, die Trainerin.** Sie ist im besten Alter (Details können wir an dieser Stelle leider nicht verraten), sympathisch und aufgeschlossen für neue Ideen. Sie liebt die Natur, Klettern und alles, was mit Bewegung zu tun hat. So ist sie bereits vor vielen Jahren zur Erlebnispädagogik gekommen. Die Faszination und Begeisterung, wie konkret und effektiv mit dieser Methode Teamprozesse gestaltet werden können, haben dazu geführt, dass sie sich immer mehr mit diesem Metier auseinandergesetzt hat. Schließlich hat sie darin ihren Beruf und ihre Berufung gefunden. Sie verfügt über einen klaren Verstand. Eine ihrer besonderen Fähigkeiten ist, die unterschiedlichen Übungen durch maßgeschneiderte Settings sehr genau an die Arbeitssituation des jeweiligen Teams anzupassen. Auf der emotionalen Seite verfügt sie über eine gute Intuition, zu wissen, was im Moment für die Gruppe und den Teamprozess wichtig ist. Sie hat sich im Laufe der Jahre eine gesunde Mischung aus Charme und Durchsetzungsvermögen angeeignet, was sich in der noch immer männlich orientierten Welt des Managements schon manches Mal als Vorteil erwiesen hat.

Sarah Mikkel kennt die vielen Aktivitäten, Übungen und Aufgabenstellungen aus eigener Erfahrung. Durch das Klettern ist ihr die Arbeit mit dem Seil bestens vertraut. Bevor sie sich selbstständig gemacht hat, war sie lange Jahre in einem Softwareunternehmen im Bereich Personalentwicklung tätig und hat dort den Trainerberuf in allen Facetten kennengelernt. Vor einigen Jahren hat sie sich entschlossen, ihre Fähigkeiten und ihre Freude am Klettern und an der Natur in ihrem Beruf zu verbinden.

- **Herr Gabriel, unser zweiter Protagonist, ist Leiter der Abteilung Human Resources (HR) in einem Konzern.** Vor drei Jahren wurde er vom Vorstand für einen groß angelegten Umstrukturierungsprozess ins Boot geholt. Diesen hat er erfolgreich umgesetzt, und seitdem ist er auch für Coaching und Weiterentwicklung der Führungskräfte verantwortlich. Er ist stets offen für neue Ideen und möchte gerne die Welt des Managements verändern. Visionär und gleichzeitig Pragmatiker, diese Mischung hat ihn erfolgreich gemacht. Allerdings hat er durch den Druck, der in der dünnen Luft der Führungsetagen herrscht, auch manche Portion Skepsis entwickelt. Diese führte dazu, dass er einerseits gerne etwas Neues ausprobieren möchte, aber andererseits dann häufig zögert. Allzu oft sieht er das halb leere Glas. Er ist sich dessen bewusst und möchte es verändern, denn eigentlich weiß er, dass er seiner inneren Stimme vertrauen kann. Entscheidungen, die er unter Druck und mit Unsicherheit und Zweifel getroffen hat, waren meist ungünstig. Hingegen lag er in der Regel richtig, wenn er dem Gefühl, dass etwas richtig sei, gefolgt war – gegen alle innere und äußere Skepsis.

Er ist ein Teamplayer, pflegt einen kooperativen Führungsstil, kann sich im richtigen Moment aber auch klar durchsetzen. Diese sympathische Mischung hat ihn sehr erfolgreich gemacht.

Er ist verheiratet, hat zwei Söhne und ist ein Familienmensch. Bisher hat er es in seinem Leben stets geschafft, Karriere und Familie trotz extremer beruflicher Belastungen gut auszugleichen.

Wir wünschen uns, dass Sie mit diesem Buch Anregungen, Ideen und Inspiration bekommen und Sarah Mikkel und Herr Gabriel Begleiter in Ihrer täglichen Arbeit werden.

Last, but not least dürfen wir Ihnen noch einen dritten Protagonisten in diesem Buch vorstellen. Johann Wolfgang von Goethe, der berühmte Frankfurter, schrieb einst »Faust«, das Drama des ewig nach Erfüllung und Vollkommenheit suchenden Menschen. Die Zitate in diesem Buch stammen aus seiner Feder und sollen uns inspirieren, einstimmen, uns ein Lächeln entlocken und uns erfreuen.

Und jetzt: Vorhang auf!

Hannover und München, Januar 2012

Hubert Kölsch und Monika Pietsch

Das Seil als Verbindung von Trainer & Kunde

Die Idee zum Training

»Kommen Sie herein und setzen Sie sich.«

Die Stimme dröhnte dumpf in seinen Ohren, und er konnte sich bereits denken, um was es geht. Langsam ließ er sich auf dem Stuhl im kleinen Besprechungszimmer nieder. Sonst fand er die Stühle immer bequem, doch heute fühlte es sich unangenehm an.

»Möchten Sie etwas trinken?«

»Gerne. Orangensaft, bitte.«

Dann herrschte einen Moment Schweigen, er sah seinem Chef in die Augen.

»Mein lieber Herr Gabriel, Sie wissen, dass ich Sie sehr schätze. Seit Sie unsere Abteilung Human Resources übernommen haben, funktioniert vieles besser. Aber wir haben in der Region 8 immer noch Schwierigkeiten. Es ist die einzige, in der die Umsätze sinken. Wir sind erfolgreich und haben eigentlich eine gute Auftragslage, aber die Zahlen dort verschlechtern das Gesamtergebnis. Seit Langem gibt es Versuche, die Region 8 durch innovative Ideen zu unterstützen, aber bisher haben die Trainingsmaßnahmen nur zeitweise die Situation verbessert. Eine grundlegende Änderung haben wir trotz aller Bemühungen nicht erreicht. Sie erinnern sich: Die Region wurde vor zwölf Monaten aus zwei Teilgebieten zusammengelegt, wir haben Synergie erwartet, und was stattdessen entstand, waren Kosten, weit über unsere Planungslinie hinaus.«

Er sah seinen Chef an und spürte, wie unangenehm das Gespräch war. Herr Gabriel wusste, dass der Erfolg der Umstrukturierung in seine Verantwortung fällt. Sie standen beide unter Druck, und dennoch rechnete er es ihm hoch an, dass er mit ihm nach einer Lösung suchte und nicht nur den Druck weitergab. Er nutzte das Schweigen, um in Ruhe nachzudenken.

»Wir haben viele gute Maßnahmen zur technischen, logistischen und betriebswirtschaftlichen Optimierung. Doch die Zusammenarbeit im Team und über die Abteilungen hinaus funktioniert nicht. Wir haben Probleme bei der Koordination, beim gemeinsamen Kundenauftritt, im Qualitätsmanagement und in der Prozessoptimierung.«

»Wenn das wirklich alles so ist, haben wir in der Region wirklich ein Problem«, sagte Herr Gabriels Chef. »Irgendwie müssen wir die Führungskräfte in ein Boot bringen und versuchen, ihnen eine gemeinsame Vision zu vermitteln. Wir brauchen einen Idee, ein Szenario, irgend so etwas.«

Herr Gabriel schüttelte den Kopf. »Ideen und Visionen haben wir in den Strategieworkshops vermittelt, und ich denke, das ist auch angekommen. Ich sehe das Problem insofern nicht darin, dass unserer Führungsmannschaft die Bereitschaft fehlt.«

»Sondern?«

»Durch die Zusammenführung der beiden Regionen ist das Vertriebsgebiet sehr groß geworden, unsere Mannschaft hat genug Probleme damit, die eigenen Teams zu führen. Ihnen fehlt eine gemeinsame Identität, ein übereinstimmendes Verständnis oder ein Commitment der Zusammenarbeit als neue Region. So versucht jeder, seine Schäfchen ins Trockene zu bringen.«

»Das wird doch irgendwie zu schaffen sein …«

Herr Gabriel musste lächeln.

»Ich verlasse mich auf Ihre guten Ideen. Daher möchte ich, dass Sie sich damit intensiver befassen und diesem Projekt oberste Priorität geben. Sie wissen, dass ich zunehmend unter Druck stehe, Herr Gabriel. Bis zum Ende des Quartals haben wir Zeit, dann müssen wir eine nachhaltige Trendwende aufzeigen können.«

Beide schwiegen. »Haben Sie noch Fragen?«

»Nein.«

Er stand auf, knöpfte das Sakko zu und gab seinem Chef die Hand. »Das schaffen wir, auch wenn ich noch nicht die geringste Ahnung habe, wie.«

Er verließ den Besprechungsraum, ging den Flur entlang zum Aufzug und fuhr hinunter. Als er aus dem Gebäude trat, hörte er das fröhliche Gezwitscher der Vögel, es war bereits kühl, aber er setzte sich auf eine Bank unter einen Baum. Er brauchte eine Idee, wie die Themen besser erlebbar, erfahrbar und auch spannender und dadurch nachhaltiger gemacht werden könnten. Noch mehr PowerPoint-Folien und Strategieworkshops waren unnötig. Diese hatten auf der Sachebene sehr gute Dienste geleistet, jetzt ging es um das Zwischenmenschliche. Er fragte sich: »Wie mache ich die Themen Qualität, Ressourcen, Motivation für ein Team erlebbar?« Nach einiger Zeit stand er auf und ging zurück in das Gebäude. Diesmal nahm er die Treppe in den zweiten Stock zu seinem Büro. Die meisten Kollegen waren bereits nach Hause gegangen. Er knipste die Schreibtischlampe an und fuhr seinen Computer hoch. Er wusste nicht, nach was er suchen sollte, aber er verließ sich auf sein Gefühl, das ihn noch immer im richtigen Moment zu Ideen geführt hatte.

Wie kann das Buch Sie unterstützen?

Dies ist ein Arbeitsbuch. Ziel ist es, Menschen, die mit Gruppen arbeiten, dabei zu unterstützen, das Potenzial eines Teams voll zu nutzen und die Qualität der Zusammenarbeit zu verbessern. Schwerpunkt ist die erlebnispädagogische und handlungsorientierte Methode. Mit den Übungen, Aufgaben und Lernprojekten können Prozesse erkennbar und transparent gemacht werden. Der besondere Vorteil dieser Methode ist, dass die Prozesse persönlich erlebt und erfahren werden. Dies fördert die Klarheit, wo Dinge verändert werden können, und ermöglicht eine größere Veränderungsbereitschaft.

Besonderes Augenmerk des Buches sind der Transfer und die Nachhaltigkeit der Trainingsergebnisse. Letztendlich wird der Erfolg jedes Trainings an der tatsächlichen Veränderung oder Optimierung gemessen. Die erlebnispädagogischen Übungen und Aufgaben werden bei der Durchführung als faszinierend wahrgenommen, in der Reflexion aber bereits wieder als »Spiele« bezeichnet. Dadurch geschieht es häufig, dass die Sinnhaftigkeit und der Nutzen nicht erkannt werden. Hier tragen die Trainer eine wichtige Verantwortung, indem sie vom Setting zum Transferprozess einen professionellen Bogen schlagen.

Zugegebenermaßen ist es eine Umstellung, wenn ein Team während der ersten Zeit im Training fast nur praktisch miteinander gearbeitet hat und sich dann gegen Ende einem bisweilen intensiven Diskussionsprozess stellen muss. Es ist wichtig, bereits zu Beginn des Trainings bei der Erläuterung der Seminarprinzipien das Thema »Transfer« ausführlich anzusprechen. Ziel und Fokus des Trainings liegen im Prozess der Transfermoderation, damit die angestrebten Ziele nach dem Training umgesetzt und erreicht werden können.

Zielsetzung des Buches ist es, einen Arbeitsprozess vorzustellen, der aus folgenden Schritten besteht:

- Analyse der Veränderungsmöglichkeiten des Teams.
- Mithilfe praktischer Übungen Erfahrungen und Austausch untereinander ermöglichen.

- Reflexion der Teamprozesse.
- Umsetzung des Gelernten in den nächsten Übungen.
- Teamdiskussion über die Verbesserung der Zusammenarbeit.
- Moderation der Zielvereinbarung.
- Messbarkeit und Nachhaltigkeit der Ziele festlegen.

Wir sind sicher: Auf der Grundlage dieser Schritte wird die erlebnispädagogische Methode eine große Akzeptanz und einen hohen Stellenwert im Bereich Coaching und Beratung von Teams bekommen.

Training, Seminar oder doch lieber Fortbildung?

In diesem Buch werden die Begriffe Training und Seminar nicht unterschieden. Grundsätzlich gibt es für uns keine Unterschiede in der inhaltlichen Beschreibung. Der Begriff Seminar hat mehr den Touch der Fortbildung, das Wort Training kommt eher aus der Geschäftswelt. Welche Begriffe verwendet werden, hängt letztendlich von der Zielsetzung und Zielgruppe ab. Interessanterweise sind bestimmte Begriffe für manche Zielgruppen eher nicht passend. So werden Führungskräfte eher an einem Training teilnehmen. Menschen, die in sozialen Berufen arbeiten, sprechen auf Begriffe wie Seminar oder Fortbildung an. Für uns ist die Wertigkeit gleich.

Ähnlich verhält es sich mit dem Begriffspaar Aufgaben und Übungen. Auch hier gibt es unter Umständen zielgruppenspezifische Unterschiede, die aber mit der inhaltlichen Qualität nichts zu tun haben. Lediglich den Begriff »Setting« haben wir einheitlich verwendet. Eine Alternative wäre Rahmenbedingungen, Aufgabenbeschreibung oder Anleitung. Alle diese Begriffe treffen den inhaltlichen Kontext nicht so genau, denn ein Setting ist immer maßgeschneidert. Ein Setting wird auf die Rahmenbedingungen hinsichtlich Organisation, Wetter, Gruppenprozess, Teilnehmer, Inhalt und Zielsetzung abgestimmt. Eine Aufgabenstellung oder Anleitung ist häufig ähnlich, ein Setting ist immer speziell. Aus diesem Grund nutzen wir den englischen Begriff, der sich inzwischen auch als Fachbegriff etabliert hat.

Das Wort »Spiel« vermeiden wir. Auch wenn es von Teilnehmern immer wieder gerne gebraucht wird, sollte von den Trainern und Verantwortlichen immer von Aufgaben, Übungen oder Lernprojekten gesprochen werden. Dadurch bekommt die handlungsorientierte Arbeitsweise die Ernsthaftigkeit, den Wert und die Qualität, die sie verdient.

Noch eine kurze Bemerkung zur Terminologie. Immer wieder stellt sich die Frage nach der männlichen und weiblichen Form. Wir sind der Ansicht, dass sich eine Haltung von partnerschaftlicher, fairer Zusammenarbeit und ein Bewusstsein über die Vorteile und Möglichkeiten von geschlechtsspezifischer Arbeit nur zum Teil im geschriebenen Wort widerspiegeln. Letztlich entscheidet die gelebte Praxis und das eigene Handeln.

Die Trainerin

>»Wer fertig ist, dem ist nichts recht zu machen;
>Ein Werdender wird immer dankbar sein.«

Sarah Mikkel schloss die Kofferraumtür ihres Kombis und ging zurück ins Hotel. Noch einmal betrat sie den Seminarraum und blickte sich um. Alles war aufgeräumt, das Moderationsmaterial, die Seile und die anderen Trainingsutensilien in ihrem Auto verstaut. Sie warf noch einen letzten Blick in den Raum, schloss die Tür, zog den Schlüssel ab und ging zur Rezeption.

»Hallo, Frau Mikkel!«, begrüßte sie die Dame am Empfang. »Die drei Tage sind ja wieder schnell vergangen.«

»Da haben Sie recht, das ist immer so. Seit ich die handlungsorientierten Methoden einsetze, vergehen die Trainings wie im Flug.«

»Sie haben immer so viel Material dabei. Was machen Sie denn damit?«

»Eigentlich habe ich nur unterschiedliche Seile dabei. Ich mache Übungen zum Thema Teamarbeit, Einsatz von Ressourcen und Qualitätsmanagement. Damit kann ich alle Themen, die in einer Gruppe, einem Team oder einer Abteilung vorkommen, abbilden und trainieren.«

»Abbilden?«, fragte die Rezeptionistin. »Was bedeutet das?«

»Wenn es zum Beispiel bei Ihnen im Hotel die Zielsetzung gibt, die Kundenorientierung zu verbessern, und das Team macht ein Training mit mir, dann bereite ich Aufgabenstellungen vor, in denen diese Themen enthalten sind. Dadurch erkennen Sie, was bereits gut funktioniert und welche Aspekte verbessert werden können. Danach bespricht das Team die Erfahrungen und entscheidet über Veränderungen.«

»Was ist der Unterschied zu einem anderen Training über Kundenorientierung?«

»Der Unterschied ist, dass Sie bei mir das Thema praktisch erleben. Sie bekommen keinen Vortrag über Kundenorientierung, sondern eine realistische Aufgabenstellung, anhand derer Sie das erleben können. In meiner

Arbeit ist die Reihenfolge: erst erleben, dann reden und entscheiden. Dadurch können letztendlich Veränderungen erreicht werden.«

»Ist das besser als andere Trainings?«

Sarah Mikkel musste schmunzeln. Ein häufige Frage, aber es gibt keine bessere oder schlechtere Trainingsform. Es geht darum, für ein Team die geeignete zu finden und daraus die besten Ergebnisse zu erzielen.

»Nein. Aber ich habe festgestellt, dass es für mich die Form ist, die mir am meisten Spaß macht.«

»Das alles schaffen Sie mit nur einem Seil?«

»Ich habe mehrere Seile unterschiedlicher Länge. Aber es stimmt, ansonsten benötige ich für die Übungen nur sehr wenig Material, wie zum Beispiel Augenbinden oder Teppichfliesen.«

»Genial.«

»Da haben Sie recht. Mein Kunden sind zufrieden, weil sie am Ende des Trainings messbare Ergebnisse haben, alles sehr praxisnah verläuft und es darüber hinaus auch noch Spaß macht.«

»Das stimmt. Bei Ihren Seminaren ist immer gute Stimmung, das spürt man.«

»Nicht immer, aber häufig, denn auch wir müssen uns den wichtigen Fragen eines Teams stellen, und das ist nicht immer angenehm.«

»Aber Frau Mikkel, Sie sind doch damit sehr erfolgreich, oder? Früher waren Sie nicht so oft mit Seminaren bei uns. Seit Sie mit den Seilen kommen, buchen Sie viel öfter. Das freut uns natürlich.«

»Vielen Dank.«

Sarah Mikkel verabschiedete sich und ging zu ihrem Auto. Die Rezeptionistin hatte recht, so hatte sie es noch gar nicht gesehen. Seit sie mit der Form des erlebnispädagogischen Coachings arbeitete, hatte sie viel mehr Buchungen als früher. Die Ergebnisse der Trainings waren konkreter und hatten stets ein gutes Feedback.

Sie öffnete die Beifahrertür, stellte ihre Handtasche auf den Sitz, legte ihr Jackett daneben. Die Sonne stand schräg am Abendhimmel und beleuchtete die Bäume in einem herrlichen warmen und sanften Schimmer. Langsam kündigte sich der Herbst an, in dem milden Licht der Abendsonne konnte sie bereits die ersten Laubfärbungen erkennen.

»Was so einfache Mittel wie ein paar Seile bewirken können …«, dachte sie, stieg ins Auto und verließ das Hotelgelände.

Warum mit Seil?

Erlebnispädagogik hat eine lange Tradition. Ihr zentrales Anliegen ist die Vermittlung von sozialer Kompetenz und Charakterbildung durch Aktivitäten, die in der Natur stattfinden: Bergsteigen, Wandern, Klettern, Segeln. Der Einzelne lernt durch diese Aktivitäten die Interaktionen in der Gruppe kennen und erfährt Wirkungen und Eindrücke in der Natur. Durch die Verarbeitung dieser inneren und äußeren Prozesse entstehen Einsichten und Erkenntnisse, die zur Verhaltensänderung und Erweiterung des persönlichen Handlungsspektrums führen.

Im Laufe der Jahre ist die Erlebnispädagogik gewachsen und hat sich in vielen Bereichen verändert. Die Aktionen wurden spektakulärer, und immer häufiger ist der »Kick« anstelle des pädagogischen Ziels als Motivation in den Vordergrund getreten. Auch haben sich die Handlungsfelder und Arbeitsansätze verändert. Da sich immer mehr Firmen und Unternehmen für die Methode der Erlebnispädagogik interessierten, wurden neue Aufgaben und Transfermodelle entwickelt. In diesem Zuge ist eine Arbeitsweise entstanden, die darauf fokussiert, Situationen von Gruppen und Teams abzubilden und dadurch Verbesserungen der innerbetrieblichen Zusammenarbeit zu bewirken.

Bei dieser Entwicklung steht nicht mehr die Natur als einzigartiges Handlungsfeld im Vordergrund. Zwar werden, allein schon aus Platzgründen, die meisten Übungen im Freien durchgeführt, aber das kognitive Handeln und das Erleben eines Prozesses sind jetzt zentrales Element: Die Verbindung von bildhafter Sprache, analytischer Herangehensweise und emotionaler Verarbeitung ist das Charakteristikum dieser handlungsorientierten Arbeit.

Die Arbeit mit Metaphern wurde erweitert, und Themen wie Kundenorientierung, Einsatz von Ressourcen, Qualitätsanspruch und Fehlermanagement wurden in den Aufgaben als Lerninhalte abgebildet.

Bereits seit Beginn der Erlebnispädagogik gab es neben den Naturaktivitäten den Bereich der Problemlösungsaufgaben. Dies sind Aufgabenstellungen, die mit mehr oder weniger großem Materialaufwand bestimmte Themen bearbeiten. Diese Aufgaben sind ein besonders faszinierender Bereich.

Mit Bewunderung und Begeisterung haben wir in den vergangenen zwei Jahrzehnten beobachtet, wie sich hier inhaltliche Veränderungen entwickelt haben. An manchen haben wir mitgewirkt, und viele haben wir dankbar im Austausch mit Kollegen kennengelernt. Das Schöne an dieser Arbeit ist die Kreativität, mit der die Aufgabe an die Struktur der Teilnehmer hinsichtlich Alter, Gruppengröße und Lernzielen angepasst werden kann. Ein weiterer Aspekt ist die Kreativität der Gruppe. Oft ist die Aufgabenstellung ähnlich, aber dennoch löst jede Gruppe die Aufgabe auf ganz unterschiedliche Weise. Noch heute nach so vielen Jahren erlebnispädagogischer Arbeit sind wir oft erstaunt und voller Bewunderung, welche kreativen Lösungen in Gruppen entstehen können.

Im Laufe der Zeit ist die Erlebnispädagogik mit erwachsenen Menschen immer mehr aus der Natur verschwunden. Das ist ein skurriles Phänomen und hat vorrangig seine Gründe in finanziellen und zeitlichen Aspekten. Aber auch der unternehmerische Aspekt, die Außendarstellung, spielt eine Rolle. Vor zehn Jahren galt ein Unternehmen, das seine Manager zum Biwakieren, Klettern und Wandern schickte, als innovativ, und die Fachmagazine berichteten über das moderne Konzept von Teamentwicklung. Heute muss der »Compliance-Officer« sein Veto einlegen, denn bei so einem Training könnte es sich um versteckte Boni oder Incentives handeln. In den Genuss der klassischen Erlebnispädagogik kommen heute meist nur noch Schüler auf Klassenfahrten oder die eine oder andere Gruppe von Auszubildenden.

Ein Teil der Erlebnispädagogik hat sich dadurch aus dem Handlungsfeld Natur im Sinne von Bergen, Seen oder Höhlen in die Bildungsstätten, Seminarhäuser oder Hotels verlagert. Vieles findet dort im Freien statt, also wenigstens immer noch in der Natur, oder wird wegen ein paar Regentropfen vollständig in den Seminarraum oder die Turnhalle verlagert. Diese Entwicklung hat neue Herausforderungen an die Seminarinhalte und die Organisation gestellt: örtliche Flexibilität, Materialtransport und schnelle thematische Anpassungen an die Gruppe. Diese Faktoren müssen mit den Gegebenheiten vor Ort, die nicht immer bekannt sind oder nur durch Internet, Bilder oder Telefonate recherchiert werden können, harmonieren.

Diese neuen Anforderungen haben uns in manchen abendlichen Gesprächen bei gemeinsamen Trainings auf die Idee gebracht, eine Kombination zu suchen, wie Methode, Zeit, Inhalt, Material und Flexibilität miteinander verbunden und auf praktische Weise Seminarleitern und Trainern zur Verfügung gestellt werden können.

Dafür haben wir uns von folgenden Faktoren leiten lassen:

Material

- Es soll einfach erhältlich sein.
- Gewicht und Volumen: leicht und flexibel, beständig, robust, wartungsfrei.
- Es soll leicht zu transportieren sein in Auto, Zug und Flugzeug.

Finanzen

- Wichtig hier: ein gutes Preis-Leistungs-Verhältnis.

Kompatibilität

- Das bedeutet: Wenig Material kann für möglichst viele Übungen eingesetzt werden.

Training

- Durch das Material können innerhalb der Übungen unterschiedliche Aufgabenstellungen entwickelt und sogar noch während der Durchführung angepasst werden.
- Es gibt ausreichend viele Übungen, um ein mindestens zweitägiges Training zu gestalten.
- Die Übungen sind nachhaltig, um Transferprozess und Zielvereinbarungen zu moderieren.
- Das Medium muss sich als Symbol oder Metapher für das Training eignen.

Je mehr wir darüber nachdachten, desto klarer erkannten wir: Das Medium »Seil« erfüllt genau diese Kriterien. Das Schöne, Besondere und Faszinierende an dieser Arbeit ist die immer neue Herausforderung, eine Kombination aus inhaltlicher Zielsetzung und Teilnehmerstruktur in eine sinnvolle Aufgabenstellung münden zu lassen. Daher liegt unser Fokus auf der Variabilität der Aufgabenstellungen. Dies ist natürlich von Aufgabe zu Aufgabe unterschiedlich. Weiterhin versuchen wir, das Spektrum der Möglichkeiten hinsichtlich Inhalt und Transfer möglichst offenzuhalten und an den verschiedenen potenziellen Teilnehmern auszurichten: Auszubildenden, Teams und Gruppen von sozialen Einrichtungen oder Firmen. Der gemeinsame

Nenner ist eine klare Zielsetzung des Trainings, die sich in der Methodik der Aufgabenstellung widerspiegelt.

Wir beide haben unsere Wurzeln in der klassischen Erlebnispädagogik und kommen aus einer Tradition mit dem pädagogischen Leitspruch: »Die Berge sind stumme Meister und erziehen schweigsame Schüler.« Wir haben in den vergangenen Jahren in unserer erlebnispädagogischen Arbeit viele intensive, nachhaltige und, wie es Kurt Hahn nannte, »unauslöschliche« Erlebnisse erfahren, für die wir sehr dankbar sind. Wir haben wunderbare Menschen kennengelernt, und daraus sind auch manche Freundschaften entstanden.

»Tempora mutantur, nos et mutamur in illis.« Die Zeiten ändern sich, und wir ändern uns in ihnen. So sehen auch wir uns als einen Teil dieser Veränderungen und Entwicklungen innerhalb der Erlebnispädagogik, mal mit einem lachenden, mal mit einem weinenden Auge.

Es ist unser Anliegen, mit diesem Buch einen »State of the Art« zu beschreiben. Gleichzeitig möchten wir die Möglichkeit für Kreativität und Diskussion eröffnen, um die Übungen weiterzuentwickeln und neue zu erfinden. Wir erheben keinen Anspruch auf Perfektion und Vollständigkeit. Unser Anspruch ist, einen Beitrag zu leisten für Menschen, die sich für die Verbesserung der Zusammenarbeit von Menschen interessieren und in diesem Bereich arbeiten. Zusammenarbeit in Teams entsteht durch Ehrlichkeit, Offenheit, klare Kommunikation und viele andere Aspekte, die natürlich hinlänglich bekannt sind. Es gibt aber auch einige andere Aspekte und Ziele, warum erfolgreiche Teamarbeit sinnvoll ist.

Diese Gedanken bezeichnen wir als Werte:

- Der Wunsch des Menschen, sich positiv zu entwickeln und zu verbessern.
- Die Fähigkeiten und Stärken in Menschen zu erkennen und fördern zu helfen.
- Das Vertrauen in sich selbst und andere zu entwickeln.
- Das Wissen, dass alle Kraft in uns liegt und wir alles erreichen können.
- Das persönliche, wirtschaftliche und ökologische Wachstum entsteht durch zufriedene Menschen.

Material

Für das Material gibt es drei begrenzende Faktoren: Gewicht, Preis und Durchmesser. Grundsätzlich muss in keiner Aufgabe das Seil irgendeine Sicherheitsfunktion übernehmen, insofern spielt der Durchmesser eigentlich keine Rolle. Dennoch macht ein größerer Durchmesser durchaus Sinn. Die Handhabung der Seile ist besser und der Aufforderungscharakter einer Übung mit festen Seilen ist höher. Weiterhin ist zu bedenken, dass bei vielen Übungen ein Seil als Markierung oder Begrenzung am Boden liegt und dies natürlich in einer Wiese genauso gut gesehen werden muss wie auf einem Sportplatz. Insofern spricht eigentlich alles für einen größeren Durchmesser. Die Nachteile sind Kosten, Gewicht, Packvolumen und dass ein dickeres Seil langsamer trocknet als ein dünneres, wenn es einmal nass geworden ist. Ein Argument, das man zu schätzen lernt, wenn man einmal ein Training draußen bei Dauerregen durchgeführt hat.

Sollten Sie planen, die Übungen schwerpunktmäßig indoor durchzuführen, was bei ausreichendem Platz durchaus möglich ist, empfehlen wir, mit einem Set dünner Seile zu arbeiten. Die optimale Variante ist, dass Sie über zwei Sets von Seilen, einmal für indoor, einmal für outdoor, verfügen.

Ein paar Daten zur Orientierung

Unter einem Seil mit größerem Durchmesser verstehen wir ein sogenanntes Halbseil mit ungefähr acht Millimeter Durchmesser, unter einem dünnen Seil die Hälfte, also etwa vier oder fünf Millimeter. Das Gewicht eines Halbseils beträgt etwa 45 Gramm/Meter, bei einem dünnen Seil dementsprechend etwa die Hälfte.
Wir empfehlen, zwei verschiedene Durchmesser nicht zu kombinieren, das wirkt von den Proportionen nicht. Vielmehr soll das Seil eine ansprechende Optik und Handhabung aufweisen, was den Aufgaben mehr Attraktivität verleiht.

Ausstattung

Wir empfehlen folgende Grundausrüstung:

- Zwei Seile à 25 Meter.
- Optional zusätzlich ein Seil mit einer Länge von 45 bis 50 Metern, dafür können aber auch die beiden 25-m-Seile zusammengebunden werden.
- Ein Seil mit zehn Metern.
- Acht bis zehn Seile à zwei Meter.

Zusatzmaterial

- 20 Augenbinden.
- 10 Teppichfliesen 40 × 40 cm.
- Moderationskarten mit den Zahlen 0 bis 40 beschriftet.
- Wäscheklammern.
- Zeltnägel.
- Ein Maßband.

Diese Angaben beziehen sich auf Gruppengrößen bis zu 20 Personen. Die Übungen sind alle auch mit größeren Gruppen durchführbar, allerdings ist in solchen Fällen mehr Material notwendig, da dann in der Regel mit mehreren Gruppen gearbeitet wird. Diese Ausstattung ist ein »Set«, mit dem alle beschriebenen Übungen und entsprechenden Varianten durchgeführt werden können. Darüber hinaus gibt es Übungen, für die noch zusätzliches Material benötigt wird. Das haben wir bei der jeweiligen Übung angegeben und genau beschrieben.

Recherche I

Herr Gabriel saß vor seinem Computer und blickte angespannt auf den Bildschirm. Es musste doch irgendetwas im Internet geben, das ihm weiterhelfen konnte. Seit drei Jahren war er nun in der Firma, und seit einem Jahr war ihm die Leitung der Abteilung HR anvertraut. Seine Mitarbeiter schätzten ihn wegen seiner kreativen Ideen, und er hatte mit seinen Maßnahmen stets gute Erfolge. Nur die Veränderungsprozesse in dieser Region bereiteten ihm ungewohnte Schwierigkeiten. Natürlich gibt es nach strukturellen Änderungen nicht nur zufriedene Mitarbeiter, aber es wurde niemand entlassen oder in seiner Position herabgestuft. Das hatte er immerhin erreicht. Doch die Zusammenarbeit funktionierte nicht. Statt direkte Kommunikationswege zu nutzen, wurden E-Mails geschrieben, Konflikte blieben verdeckt, und Verantwortung wurde stets an andere weitergeschoben. Letztendlich hatte er den Eindruck, dass vor allem die Angst herrschte, einen Fehler zu machen, um dann doch noch seinen Verantwortungsbereich zu verlieren.

Die Führungsmannschaft, bestehend aus einem guten Dutzend Mitarbeitern, meist Männer, wollte nicht aus ihrer Deckung. Ja, das war es! Gab es Besprechungen, konnte man den Eindruck bekommen, es sei alles in bester Ordnung, aber bei kleinsten Unstimmigkeiten kamen sofort Nervosität und Gereiztheit auf. Rechtfertigungen waren an der Tagungsordnung, konstruktive und kritische Gespräche kaum möglich.

Er wollte eine Form von Training finden, das genau diese Themen bearbeitete und mehr Offenheit in die Führungsmannschaft der Region bringt. Ansonsten würde er weiterhin mit einem Verhalten konfrontiert werden, das nicht ehrlich war und echten Veränderungen im Weg stand.

Das Telefon klingelte, und seine Frau fragte, wann er denn gedenke, nach Hause zu kommen. In letzter Zeit sei es sehr häufig spät geworden. Nachdem er sie beruhigt hatte, fragte sie, ob er das Geburtstagsgeschenk für seinen Sohn schon gekauft habe. Jetzt wurde ihm plötzlich klar, dass er zu tief in den Firmenproblemen steckte, denn bei aller Verantwortung gegenüber seinem Beruf, das Geburtstagsgeschenk für seine Kinder vergessen, so etwas durfte ihm nicht passieren. Er versprach ihr, sich sofort darum zu kümmern, und verabschiedete sich.

Sein ältester Sohn hatte vor einem Jahr das Klettern angefangen. Seine Frau und er wollten ihm einen Kurs in der Kletterhalle und ein eigenes Seil schenken. Sie hatten vereinbart, dass er herausfinden solle, wo es eine geeignete Halle gebe und er sollte auch das Seil besorgen. Kaum hatte er den Hörer aufgelegt, begann er mit der Suche im Internet: Seil + Kurs + Klettern. Nach einigen Klicks fand er eine Seite, die seine Aufmerksamkeit fesselte und vielleicht helfen konnte, seine Probleme zu lösen.

Als das erneute Klingeln ihn aus seinen Gedanken riss, wusste er nicht, wie viel Zeit vergangen war. Draußen war es inzwischen dunkel geworden. Am Telefon war erneut seine Frau, die ihm mitteilte, dass die Kinder jetzt bald ins Bett gehen würden, und er versprach, sich sofort auf den Weg zu machen.

Er hatte noch kein Kletterseil und auch keine Idee, wo sein Sohn einen Kurs für Fortgeschrittene machen könnte. Aber er hatte etwas gefunden, was ihm helfen würde, die Kollegen der Region 8 dabei zu unterstützen, ein Team zu werden.

Dann verließ er schnellen Schrittes und sehr erleichtert das Büro. Allein die Möglichkeit einer Lösung motivierte ihn und gab ihm seine Fröhlichkeit zurück.

Die Metapher »Seil«

Die Arbeit mit Metaphern ist im Transferprozess der Erlebnispädagogik sehr wichtig und effektiv. Hier werden Emotionen mit Bildern verknüpft. Das führt zu intensiverem Erleben, und der Lernprozess ist langfristig nachhaltiger. Durch die Erinnerung an ein Bild oder eine Metapher kann man schnell erlebte Prozesse, Erfahrungsketten und Ereignisse ins Bewusstsein zurückholen. Dadurch gelingt es leichter, die ersten Schritte zur Veränderung konsequent zu gehen.

Erlebnispädagogik ist erfolgreich und wirkt nachhaltig, weil Metaphern oft schon für sich selbst sprechen. Den Transferprozess zu moderieren ist anschließend sehr leicht. Ob sich die Teilnehmer auf Ergebnisse und Verhaltensänderungen aufgrund ihrer Erkenntnisse einigen können, ist wieder ein anderes Thema und hat per se nichts mit der Kraft, die in den Metaphern steckt, zu tun. Daher ist es wichtig, dass die Sprache, die bei Problemlösungsaufgaben oder Lernprojekten eingesetzt wird, eine bildhafte Kraft besitzt.

Das Seil ist hierfür hervorragend geeignet. Einerseits kann es physisch in Form eines Seilstücks, zum Beispiel mit einem Segler- oder Kletterknoten, den Teilnehmern zum Abschluss als mentaler Anker mitgegeben werden, andererseits kann die Metapher Seil das Trainingskonzept wie ein roter Faden begleiten. Inhaltlich hängt das natürlich von der Zielsetzung des Trainings ab und davon welche Prozesse sich dabei entwickeln.

Als Basis für die Arbeit haben wir einige Vorschläge für die Metapher Seil gesammelt. Der eigenen Kreativität sind hier natürlich keine Grenzen gesetzt.

- **Seil als Verbindung** Teamgeist, alle ziehen an einem Strang, sind voneinander abhängig und miteinander verbunden.
- **Seil als Begrenzung** Verschiedene Bereiche und Abteilungen müssen kooperieren, auch wenn sie räumlich oder geografisch voneinander getrennt sind.
- **Seil als Sicherheit** Integration im Team, Fehlertoleranz, Risikomanagement.

- **Seil als Herausforderung** Aufgaben, die durch das Seil dargestellt sind, werden gelöst und Herausforderungen überwunden.
- **Seil als Integration** Einbindung neuer Teammitglieder oder Abteilungen.
- **Seil als Motivation** Aufgaben, die wirklich sichtbar sind, wirken motivierender als theoretische Arbeitsaufträge.
- **Seil als Erinnerung** Die Trainingsergebnisse werden dadurch symbolisiert und können so im Arbeitsalltag leicht und effektiv abgerufen werden.

Wichtig bei der Trainingskonzeption ist, das Augenmaß bei der Arbeit mit Metaphern zu behalten. Dies ist faszinierend und macht Spaß, auch erscheint es im eigenen Verkaufsgespräch verführerisch, mit Bildern zu arbeiten und durch diese Faszination einen Auftrag und Verkaufsabschluss zu erzielen. Häufig ist es jedoch so, dass der Entscheider nicht unbedingt am Training teilnimmt. Durch Überfrachten entsteht eine sehr große Erwartungshaltung beim Auftraggeber, die dann im Training erst einmal eingelöst werden muss.

Weiterhin sind die Teilnehmer nicht immer auf dem gleichen Informationsstand oder kennen die Motivation des Auftraggebers nicht, sondern »müssen« jetzt gerade »komische Spielchen« machen und befänden sich lieber an ihrem Schreibtisch.

Recherche II

Herr Gabriel kam früher als üblich ins Büro. Vor seinem Anruf, den er plante, wollte er noch etwas mehr zu dem Thema recherchieren. Er bat seine Sekretärin, den Vormittagstermin zu verlegen, denn er wollte sich Zeit nehmen. Wenn seine Vorstellungen, die er sich mit den Informationen von gestern gemacht hatte, mit den tatsächlichen Möglichkeiten übereinstimmten, wäre dies wirklich eine aussichtsreiche Möglichkeit.

Eine Stunde später griff er zum Hörer und wählte die Nummer.

»Mikkel, guten Morgen.«

»Guten Morgen, mein Name ist Gabriel. Wissen Sie, wo man ein Kletterseil kaufen kann?«

Erst hörte er einen Moment Schweigen und dann ein sympathisches Lachen.

»Ja, selbstverständlich.« Er notierte die beiden Adressen, die sie ihm gab.

»Vielen Dank, jetzt habe ich noch eine Frage.«

»Aber gerne.« Die Stimme wirkte noch immer fröhlich und auch etwas belustigt.

»Wo gibt es Kletterkurse für Jugendliche?« Er machte eine kurze Pause. »Fortgeschrittene«, fügte er hinzu.

Diesmal hörte er kein Schweigen, sondern sofort ein fröhliches Lachen.

»Sie machen mir Spaß!« Aber auch für diese Frage bekam er einige Möglichkeiten genannt, die er im Internet hätte recherchieren können.

»Vielen Dank. Jetzt haben wir schon einmal die wichtigsten Fragen geklärt. Aber glauben Sie, dass ich Sie deswegen angerufen habe?«

»Nein, natürlich nicht. Ich glaube nicht an Zufälle und warte erst einmal ab, vielleicht verraten Sie es mir.«

Jetzt war das Erstaunen bei ihm. Der Punkt ging an sie. Keine Zufälle. Das stimmte. Weil seine Frau ihn gestern angerufen und etwas ärgerlich an das Geburtstagsgeschenk für seinen Sohn erinnert hatte, führte er heute dieses Gespräch. Er stellte sich kurz vor, erzählte Frau Mikkel, was ihn auf ihrer Website angesprochen hatte und mit welcher Aufgabenstellung er konfrontiert war. Sie hörte aufmerksam zu und stellte einige Zwischenfragen.

»Ich möchte gerne Sie und Ihr Team in der Region mit meiner Arbeit des erlebnispädagogischen Coachings unterstützen«, sagte sie. »Wir können ein Training mit Aufgaben zusammenstellen, die diese Themenbereiche erfahrbar machen, und selbstverständlich auch den Prozess zur Veränderung moderieren. Ich bin überzeugt, dass wir ein gutes Ergebnis erreichen können.«

»Und wo ist das ›Aber‹ …?«, fragte Gabriel.

»Wir brauchen die ehrliche innere Bereitschaft des Teams, diese Veränderung zu wollen und mitzutragen. Sonst machen wir ein tolles Training, aber die Nachhaltigkeit wird wohl nicht bestehen.«

»Einverstanden. Welchen Vorschlag haben Sie, um diese Bereitschaft zu erreichen?«

»Wir haben es mit Führungskräften zu tun. Ich denke, wir brauchen ein Commitment für das Training. Es wäre also wichtig, dass Sie mit dem Team vorher ein Meeting machen und zwei Fragen stellen.«

»Welche Fragen wären das …?«

Es entstand ein Moment Pause. Dann antwortete Sarah Mikkel: »Erstens: Sind Sie – damit meine ich Ihre Führungskräfte – bereit, wirklich alles Notwendige dafür zu tun, um die Teamarbeit und damit das Regionalziel nachhaltig und andauernd zu verbessern? Zweitens: Sind Sie bereit, alle Vorteile der jetzigen Situation aufzugeben?«

Herr Gabriel atmete tief durch. Die erste Frage war für ihn nachvollziehbar, doch die zweite bereitete ihm Schwierigkeiten.

»Was könnten denn Vorteile der jetzigen Situation sein?«

»Keine Verantwortung zu übernehmen oder sie auf andere abzuwälzen, die strukturelle Veränderung als Grund für das Regionalergebnis anzuführen. Und all die anderen Sätze mit wenn, dann, hätte und wäre.«

Touché. Getroffen. Das waren genau die Punkte, die als Schwierigkeiten und Entschuldigungen vorgeschoben wurden.

»Das bedeutet noch nicht, dass damit alle Probleme gelöst sind«, fuhr Sarah Mikkel fort. »Wenn unsere Trainingsmaßnahme erfolgreich sein soll, brauchen wir das Comittment der Führungskräfte, dieses Schuld- und Entschuldigungsdenken aufzugeben.«

Herr Gabriel war überzeugt, dass er mit dieser Frau sehr gut zusammenarbeiten würde und sie gemeinsam ein Ziel verfolgen und erreichen könnten.

»Einverstanden, ich kümmere mich darum. Ich bin überzeugt, dass Ihr Trainingsangebot für uns passend ist. Jetzt würde ich gerne noch mehr über das Setting wissen und wie Sie Ihre Aufgaben auf unsere Trainingsziele optimal anpassen wollen.«

Das Telefonat endete eine Stunde später. Herr Gabriel konnte sich um den Geburtstag seines Sohnes kümmern und hatte für die folgende Woche einen Besprechungstermin für die weiteren Planungsschritte mit Sarah Mikkel vereinbart.

Das Setting der Aufgaben

In der klassischen Erlebnispädagogik entsteht das Setting größtenteils von selbst. Berge, Meer, Höhle, Flüsse, Landschaft, Natur, Wetter – all das erzeugt bereits einen Rahmen, der Prozesse in jedem Einzelnen und innerhalb einer Gruppe auslöst. Jetzt muss noch das Thema oder Trainingsziel auf diese Rahmenbedingungen abgestimmt werden. Aus diesem natürlichen Setting entstehen durchaus beachtliche Wirkungen. Daher ist es wichtig, die entsprechenden Aktivitäten sorgfältig auszuwählen.

Anders verhält es sich bei den Lernprojekten. Vorausgesetzt, Material und Platz sind ausreichend vorhanden, können diese Übungen überall durchgeführt werden und sind völlig unabhängig von dem äußeren Rahmen. Natürlich ist es schöner, motivierender und anregender, eine Übung wie zum Beispiel das Spinnennetz im Freien zwischen Bäumen durchzuführen. Der Erlebniswert der Übung ist dann höher. Aber die rein inhaltliche Zielsetzung ist davon unberührt, das Thema Qualitätsmanagement ist in einer Turnhalle das Gleiche wie auf einer Wiese.

Daher ist für Aufgaben, wie sie in diesem Buch beschrieben sind, ein gutes und vor allem passendes Setting wichtig. Vielleicht wäre auch der Begriff »Story« besser geeignet. Je besser, das heißt je individueller und genauer die Aufgabenstellung ist, umso höher ist die Motivation, umso klarer das Ergebnis und umso besser der Transfer.

Leider wurden diese Übungen über lange Zeit einfach »nur« durchgeführt, ohne sich ausreichend Gedanken über ein passendes Setting zu machen. Dies führte dazu, dass die Aufgaben bekannt sind, zwar einen Erkenntniswert haben, aber ansonsten als nette Spielchen betrachtet wurden.

Die Übung »Spinnennetz« ist dafür ein gutes Beispiel. In den meisten Trainings kennt bereits der eine oder die andere aus der Gruppe die Übung. Aber was kennen sie? Man muss eine andere Person durch das Seil heben, darf es nicht berühren, und wenn das Seil berührt wird, muss einer oder die ganze Gruppe noch einmal von vorne anfangen. Frustrierende Übung … Stimmt. Das ist eine Aufgabenstellung, aber kein Setting. Wenn der nachhaltige Trainingseffekt bei dieser Durchführung gering ist, sollte das niemanden wundern. Gerade das Spinnennetz ist eine der facettenreichsten Übungen, die durch viele, oft kleine Anpassungen sehr gute Ergebnisse und neue Erkenntnisse ermöglicht.

Das Setting ist das Herz der Arbeit und der Schlüssel zum Erfolg für alle Beteiligten. Eine erfolgreiche Aufgabe im Sinne eines nachhaltigen Lernprozesses macht die Gruppe, den Auftraggeber und die Trainer erfolgreich.

Das bedeutet nicht, dass die Aufgabe perfekt gelöst werden muss. Denn unter Umständen hat das Setting genau auf die Themen und Schwierigkeiten, die es zu verändern gilt, aufmerksam gemacht. Daher kann die Gruppe in diesem Moment die Aufgabe nicht lösen, weil sie noch nicht über die nötigen Erfahrungen verfügt.

Insofern sind Anspruch und Wunsch nach einem gut ausgearbeiteten und professionellen Setting nicht nur im Sinne der Kunden, sondern auch aller, die in diesem Bereich arbeiten und erfolgreich sein wollen.

Ein gutes Setting ...

- spiegelt die Realität der Gruppe wider,
- spiegelt das Lernziel der Aufgabe wider,
- ist für die Teilnehmer leicht verständlich,
- kann klar angesagt werden,
- integriert *alle* Teilnehmer,
- lässt keine Lücken, um Regeln zu umgehen,
- kann in den Transferprozess übernommen werden und
- fördert einen kreativen Lösungsprozess.

Leitfragen für ein Setting

- Was ist das Thema oder die Zielsetzung *dieser* Aufgabe?
- Wie ist die Alltagsrealität der Teilnehmer als Team oder Einzelperson?
- Wie kann mit der Anzahl der Teilnehmer die Aufgabe sinnvoll durchgeführt werden?
- Wie ist die Struktur der Gruppe hinsichtlich Hierarchie und Rollen?
- Was ist ein geeigneter Ort für die Aufgabe?
- Wie viel Zeit ist für eine sinnvolle Durchführung notwendig?
- Was muss hinsichtlich Gesundheit und Sicherheit der Teilnehmer beachtet werden?

Wie wird ein gutes Setting formuliert?

- Klare Zielsetzung.
- Informationen über die Gruppe.
- Emotionale, sachliche und fachliche Nähe zur Realität der Gruppe.
- Klare Regeln.
- Formulierung der Transfermetapher.

Die Erarbeitung des Settings ist der wichtigste Teil der Trainingsvorbereitung. Hier entscheidet sich, ob ein Seminar oder Training für die Teilnehmer »nur« Spaß ist oder ob es wirklich eine Nachhaltigkeit erzeugt. Für diese Arbeit ist daher eine Mischung aus vielen Aspekten notwendig, insbesondere Kreativität und die Bereitschaft, sich in die Realität der Teilnehmer hineinzudenken. Dies erfordert eine Kombination aus professionellem Anspruch, Selbstreflexion und Kenntnisse betrieblicher Organisationsprozesse.

Ein weiterer wichtiger Aspekt zum Thema Setting ist die Zeit. Seminare werden geplant, aber man weiß nie, wie eine Gruppe die Aufgabe löst. Natürlich bekommt man zunehmend mehr Erfahrungswerte hinsichtlich der Übungen und lernt, ein Gefühl für Gruppen und dafür wie sie einzuschätzen sind, zu entwickeln. Aber auch da haben wir schon in jeder Hinsicht Überraschungen erlebt. Insofern ist es wichtig, genügend Zeit einzuplanen, aber auch einen Back-up zu haben, wenn plötzlich die Gruppe schneller war, als ursprünglich gedacht. Dies ist der Grund, warum wir auch kleinere, weniger komplexe Aufgaben beschreiben. Diese sind einerseits für den Gruppenprozess notwendig und können andererseits als zusätzliche flexible Aufgaben genutzt werden.

Das erste Treffen

»Wir sind gewohnt, dass die Menschen verhöhnen,
Was sie nicht verstehen,
Dass sie vor dem Guten und Schönen,
Das ihnen oft beschwerlich ist, murren.«

Sarah Mikkel genoss den kühlen Spätsommermorgen im Auto. Das Licht der Sonne tauchte die Landschaft in warme Farben. Sie war schon sehr gespannt auf das Gespräch und was Herr Gabriel wohl für eine Ausstrahlung haben würde. Sie fand das Telefonat mit ihm interessant, witzig, und er stellte sehr präzise Fragen. Insbesondere die Tatsache, dass er zunächst nach einem Kletterseil und einem Kurs für seinen Sohn gefragt hatte, gefiel ihr.

Kurz darauf erreichte sie das Firmengelände, parkte und meldete sich am Empfang.

»Sie werden abgeholt.«

»Gerne. Danke.«

Das übliche Prozedere.

Während sie wartete und ihr Blick durch die geräumige Empfangshalle schweifte, dachte sie an ihre Zeit, als sie bei einem Softwareunternehmen angestellt war. Sie hatte viel gelernt und war dafür dankbar. Dennoch war der anschließende Schritt in die Selbstständigkeit richtig. Es hatte sie Kraft gekostet, den Mut aufzubringen und die Sicherheit zu verlassen. Die vielen Fragen, die sie damals beschäftigt hatten, waren: Werden genug Aufträge kommen? Habe ich das richtige Angebot für meine Kunden? Jetzt war sie wieder einmal vor einem Kundengespräch, und sie wurde sich bewusst, wie glatt alles gelaufen war. Warum eigentlich? Sie war ihrem Gefühl gefolgt und hatte ihre beiden Leidenschaften, die Arbeit als Trainerin und ihre Naturverbundenheit, miteinander kombiniert. Außerdem hatte sie gelernt, auf sich selbst und ihre Fähigkeiten zu vertrauen.

»Frau Mikkel?« Eine Stimme riss sie aus ihren Gedanken.

»Herr Gabriel! Ich freue mich, Sie kennenzulernen.«

»Das Vergnügen liegt ganz auf meiner Seite. Danke, dass Sie so schnell einen Termin zur Verfügung stellen konnten. Wenn Sie erlauben, gehe ich vor.«

Er öffnete die Sicherheitstür, und sie gingen zum Aufzug.

»Alte Schule«, dachte sie, »das gefällt mir.« Sie gingen in ein Besprechungszimmer mit der üblichen nüchternen Atmosphäre, Getränken und einem Flipchart.

»Ich habe Ihnen ja bereits bei unserem Telefonat von der Aufgabenstellung berichtet«, begann Herr Gabriel. »Auch habe ich mir Ihre Website sehr aufmerksam durchgelesen. Nach allem, was ich jetzt weiß und wie ich Sie erlebt habe, schätze ich Ihre Arbeitsweise als seriös ein.«

Sie lächelte.

»Ich muss meiner Geschäftsführung plausibel machen, warum dieses Training sinnvoll ist und warum es unsere Probleme lösen kann, wenn wir an einem Wochenende mit unserer gesamten regionalen Führungsmannschaft ins Grüne fahren und mit einem Seil spielen.«

Sie lächelte.

Er fand sie sympathisch, denn sie ließ sich nicht aus der Ruhe bringen.

»Danke für Ihre Offenheit«, sagte Sarah Mikkel. »Ich verstehe Ihre Fragen, und fast jedes Kundengespräch beginnt so. Das ist auch nicht erstaunlich, denn ich habe zugegebenermaßen eine ungewöhnliche Arbeitsweise.«

Er lächelte.

»Wenn wir zusammenarbeiten, vereinbaren wir Themen, die in diesem Training als Schwerpunkte enthalten sein sollen. Das könnten in Ihrem Fall sein: Qualitätsmanagement, optimaler Einsatz von Ressourcen und vor allem die interne Kommunikation. Ich bereite dann die Settings der Aufgaben entsprechend vor, sodass sie der Realität des Teams in der Region 8 entsprechen.«

»Über das Thema ›Settings‹ haben wir ja schon am Telefon gesprochen«, sagte Herr Gabriel, »und bis jetzt ist es ja noch nichts Ungewöhnliches. Aber warum diese Spielerei mit dem Seil, und auch noch in der Natur. Bitte, ich möchte Sie nicht provozieren, ich denke nur, das sind die Fragen, die mir gestellt werden, und ich möchte gut darauf vorbereitet sein.«

»Authentizität«, sagte sie. »Der Kernpunkt meiner Arbeit liegt darin, dass die Themen selbst erlebt werden und die Teilnehmer dementsprechend handeln müssen. Bei einem Vortrag oder einem moderierten Gespräch können sie sich gut verstecken. Hier müssen sie Verhalten zeigen.«

»Aha, sie knacken die Teilnehmer und locken sie aus der Reserve.«

»Nein, niemand wird geknackt oder herausgelockt. Die Aufgaben sind Angebote, und die Teilnehmer entscheiden, ob sie sich öffnen. Aber auf jeden Fall geschieht etwas. Es entstehen Gruppenprozesse, Verhalten und Strategien werden sichtbar, und damit können wir arbeiten.«

»Das ist genau unser Problem«, sagte Herr Gabriel, »die Teammitglieder verstecken sich, ich denke, aus unterschiedlichen Gründen. Können Sie garantieren, dass sich diese Prozesse einstellen?«

»Garantieren kann ich es nicht. Aber ich habe bereits so viele Trainings durchgeführt, und es sind immer Teamprozesse mit Veränderungspotenzial entstanden. Erinnern Sie sich an die beiden Fragen, von denen ich während unseres Telefonats sprach? Die sind entscheidend.«

Herr Gabriel dachte nach. »Einverstanden. Das ist meine Aufgabe, dies zu kommunizieren. Aber warum in die Natur? Können wir das Training nicht auch inhouse machen? Wir haben sehr schöne Seminarräume.«

»Das ist grundsätzlich möglich. Ich empfehle es nur nicht. Ich bin mir bewusst, dass dadurch die Kosten des Trainings wesentlich höher sind. Wenn Sie allerdings wirklich etwas bewegen möchten, ist es wichtig, die Rahmenbedingungen zu verändern, deshalb verlassen wir die gewohnte Umgebung. Das Team trifft sich in größerer Freiheit. Zum anderen macht die Arbeit im Freien einfach mehr Spaß, hat einen höheren Aufforderungscharakter, und das Team bekommt Abstand vom Alltag.«

»Na ja, das mit dem Spaß ist so eine Sache ...«. Herr Gabriel runzelte die Stirn.

»Machen Sie sich keine Sorgen, wir werden viel arbeiten, aber die Arbeit soll Spaß machen. Ich fasse Ihnen jetzt noch einmal die Schritte und Prinzipien zusammen. Darf ich dazu das Flipchart benutzen?«

»Aber bitte ... Gerne.«

»Wir vereinbaren Themen, ich erarbeite die Settings und die Abfolge der Aufgaben. Das ist die Vorbereitung.«

»Verstanden.«

»Jetzt sind wir im Training. Das Team bekommt die Aufgabenstellung. Der Schwierigkeitsgrad und die Komplexität nehmen im Laufe des Trainings zu. Nach jeder Aufgabe gibt es ein kurzes ›Debrief‹, eine Auswertung. Was war gut? Was müssen wir verändern? Schrittweise sammelt das Team immer mehr Erfahrungen. Für die schwierigeren Übungen definiert das Team zum Beispiel im Vorfeld, auf was sie gemeinsam während der nächsten Übung besonders achten wollen. Bestimmen wir einen Moderator? Wie ist unsere Kommunikation? Was bedeutet Qualität für uns? – Das ist der erste Teil des Trainings.«

Während Sarah Mikkel sprach, visualisierte sie die einzelnen Punkte. Dann fuhr sie fort.

»Jetzt beginnt die Transfermoderation. Zunächst werden alle Erfahrungen und Ergebnisse zusammengefasst. Es geht die Frage an das Team, etwa in folgende Richtung: Was möchten Sie aufgrund dieser Erfahrungen in Ihrem Team verändern? Was müssen Sie tun, damit sich dies verändert? In welchem Zeitrahmen? Wie kann das Ergebnis überprüft werden? Wer übernimmt die Verantwortung für die Umsetzung?«

Auch diese Leitfragen schrieb sie auf das Flipchart.

»Das gefällt mir sehr gut. Mit den Stichpunkten und Fragen auf den Charts kann ich arbeiten und hoffe, meine Geschäftsführung zu überzeugen.«

»Zum Abschluss des Trainings«, fuhr Sarah Mikkel fort, »hat das Team seine Ziele formuliert, inklusive Zeitschiene und Messbarkeit. Jetzt kann sich niemand mehr verstecken oder entschuldigen, weil es ein gemeinsames Commitment gibt.«

Herr Gabriel blickte lange auf die Charts, Sarah Mikkel ließ ihm Zeit und wartete.

»Frau Mikkel, vielen Dank für die überzeugenden Erläuterungen zu den Trainingsprinzipien und der Moderation des Transfers. Das gefällt mir sehr gut. Jetzt schlage ich Folgendes vor: Bevor wir in unsere Kantine gehen und etwas essen, zeige ich Ihnen noch einige Bereiche unseres Unternehmens. Ein paar Fragen habe ich sicherlich noch. Die können wir dann im Anschluss besprechen.«

»Sehr gerne, ich habe ausreichend Zeit eingeplant.«

Trainingsprinzipien

Zu Beginn jedes Seminars werden die Trainingsprinzipien vorgestellt und erläutert. Zum einen geht es dabei um das Thema Sicherheit, aber auch um die Bereitschaft der Teilnehmer, sich einer ungewohnten Methode und Arbeitsweise anzunähern. Insofern sind Vorstellung und Diskussion dieser Prinzipien eine Art gemeinsamer Arbeitsgrundlage. Bei bestimmten Zielgruppen oder Zielsetzungen lassen sich die Trainingsprinzipien auch auf einen Gruppenvertrag in der Zusammenarbeit zwischen Leiter und Gruppe erweitern.

Aktion und Reflexion Die Übungen haben nicht die reine Durchführung als Selbstzweck, sondern sie sollen die Basis schaffen, um über Erfahrungen und Erlebnisse zu diskutieren. Die Übungen sind sozusagen der »Lieferant« der trainingsspezifischen Prozesse, um die es im Seminar geht. Ziel der Reflexion ist es, die erlebten Prozesse aufzuarbeiten und Veränderungsmöglichkeiten zu erkennen, die in den darauffolgenden Aufgaben umgesetzt werden sollen.

Transfer In der Transfermoderation schließt sich der Kreis aus Aktion und Reflexion. Jetzt geht es darum, die Erfahrungen auf die persönliche Arbeitssituation und die des Teams zu übertragen. Ziel der Moderation ist es, eine Vereinbarung zu finden, in der die Veränderungen beschrieben und mit Verbindlichkeit und Messbarkeit definiert sind. Teil der Vereinbarung kann zum Beispiel sein, die Zeit von Teamsitzungen und Entscheidungsprozessen zu optimieren. Die Umsetzungsschritte wären dann ein schlanker Themenplan, pragmatische und disziplinierte Diskussionen, eine Moderation und die innere Bereitschaft, Lösungen und Kompromisse erzielen zu wollen. Das kann zum Beispiel dazu führen, dass sich die Zeit der Teamsitzungen um 30 Prozent reduziert und die Effektivität und Zufriedenheit der Teilnehmenden sich erhöhen. So werden Einhaltung der Umsetzungsschritte und Ergebnisse überprüfbar und für jeden Beteiligten transparent.

Freiwilligkeit Die Teilnahme an den Übungen ist freiwillig. Dies bezieht sich natürlich nicht auf die grundsätzliche Teilnahme am Seminar oder Training. Freiwilligkeit ist Bestandteil des Sicherheitskonzepts, das zum einen den Teilnehmern die Möglichkeit gibt, zum Beispiel aus bestimmten gesundheitlichen Gründen sich an manchen Teilen der Lösung nicht zu beteiligen. Es beinhaltet auch die Option, die eigene Komfortzone insbesondere hinsichtlich körperlicher Nähe auszuloten und zu schützen. Das zentrale Prinzip der Freiwilligkeit bedeutet, innerhalb der Gruppe und der entstehenden Prozesse seinen individuellen Platz zu finden. Gleichzeitig kann diese »Außenrolle« zur Beobachterrolle und für die Gruppe gewinnbringend sein. Neben der Beobachtung durch die Trainer gibt es dadurch noch einen weiteren Blickwinkel, der in die Auswertung einfließt, den des »internen« Beobachters.

Vertraulichkeit Dies ist ein sehr wichtiger Punkt in der erlebnispädagogischen und handlungsorientierten Arbeit, denn es ist selten möglich, sich hinter gewohntem Verhalten zu »verstecken«. Die Lösung der Aufgaben erfordert eine hohe Bereitschaft, aktiv mitzuwirken und sich zu zeigen. Das bedeutet: Individuelles Verhalten wird für alle transparent. Dies kann zur Folge haben, dass man von dem einen oder anderen Teilnehmer vermeintliche Vorurteile bestätigt bekommt oder unbekannte Seiten entdeckt, was positiv und negativ sein kann. Je mehr die Gruppenmitglieder bereit sind, sich offen zu verhalten, desto günstiger ist es für die Aufgabenstellung, die Lösung und umso wirkungsvoller lassen sich Veränderungen erreichen. Daher sollte über Gruppenprozesse und individuelles Verhalten außerhalb der Gruppe und des Trainings Stillschweigen vereinbart werden. Außenstehende kennen die Zusammenhänge und Entwicklungen nicht und könnten daher zu Folgerungen kommen, die dem Einzelnen nicht gerecht werden. »Nach dem Spiel ist vor dem Spiel« ist eine wichtige Regel im Fußball: Was während des Spiels geschehen ist, wird nicht mitgenommen, nur das Ergebnis.

Verbindlichkeit Um den Umsetzungsprozess von Aktion, Reflexion und Transfer erfolgreich zu gestalten, ist Verbindlichkeit das im wahrsten Sinne des Wortes verbindende Element. Der Lern- und Veränderungsprozess braucht die Erfahrungen und Erkenntnisse und deren verbindliche Umsetzung. Deshalb sollen die Gruppenmitglieder gemeinsame Vereinbarungen treffen und sie später auch einhalten. Eine weitere Facette von Verbindlichkeit sind Disziplin und die innere Bereitschaft, Veränderung tatsächlich bewirken zu wollen. Dies bildet die Voraussetzung, um die Erfahrungen in der zukünftigen Zusammenarbeit erfolgreich umsetzen zu können.

Offenheit Teamarbeit braucht wertschätzenden, ehrlichen und offenen Umgang miteinander – sowohl in der konkreten Situation der Planung und Durchführung der Aufgabe als auch bei der anschließenden Auswertung. Persönliche Eindrücke sollten offen und ehrlich diskutiert werden. Offenheit ist nur möglich, wenn Vertraulichkeit und Verbindlichkeit ein glaubwürdiges Prinzip sind (sonst wird nur sogenanntes »erwünschtes Verhalten« gezeigt, und das bringt keine nachhaltige, tatsächliche Veränderung).

Sicherheit Die physische und psychische Sicherheit sind weitere wichtige Trainingsprinzipien. Damit stehen und fallen die Glaubwürdigkeit und Wirkung der erlebnispädagogischen Arbeit. Die einzelnen Aspekte der Sicherheit werden später noch detaillierter beschrieben. Doch in den hier vorgestellten Aufgaben gibt es nur wenige Dinge zu berücksichtigen. Dennoch sollte bei der Präsentation der Aufgaben auf »gesunde Lösungen« hingewiesen werden, und der Trainer schreitet ein, sobald Zögern oder Unsicherheiten bei Teilnehmern zu erkennen sind oder angesprochen werden. Allerdings sollten durch die Darstellung keine Ängste oder Vorbehalte gegenüber den Übungen entstehen.

Spaß Dies ist ein interessanter Aspekt und aus unserer Sicht ein wesentlicher, vielleicht der entscheidende Faktor für erfolgreiche Teamarbeit. Allerdings gilt es oft als nicht angemessen oder sogar unprofessionell, sich zu »outen«, dass man Spaß bei der Arbeit haben will. Gerade bei dieser Art von Seminaren oder Trainings, wo viel Aktion herrscht und das Ganze auch noch im Freien stattfindet, ist es verdächtig, wenn dann auch noch der Spaß ein Trainingsprinzip ist. Denn schließlich »sind wir ja nicht zum Spaß hier …!«. Wir sind der Überzeugung, dass Teamarbeit ohne oder nur mit geringem Spaß möglich ist. Wirklich nachhaltig erfolgreich ist die Arbeit aber nur, wenn ein Team Spaß hat. Fleiß, Disziplin, Fachwissen, persönliches Können – all das spielt eine Rolle, nur ohne Spaß gibt es langfristig keinen Erfolg. Das Beispiel Fußball zeigt, dass technische Fähigkeiten allein nicht genügen, sondern der Spaß und die Spielfreude zum Erfolg beitragen.

Transfermoderation

Eine erfolgreiche Transfermoderation entsteht durch eine Vereinbarung mit folgenden Kriterien:

- Gemeinsame Zustimmung.
- Einschätzung, dass die Ziele erreicht werden können.
- Messbarkeit der Ziele.
- Individuelle Bereitschaft, an der Erfüllung der Ziele mitzuarbeiten.
- Teamziel ist höherrangig als persönliche Ziele.
- Zeitrahmen der Umsetzung und Überprüfung.
- Klar definierte Rollen- und Aufgabenverteilung für die Zielumsetzung.
- Überprüfbarkeit der Einhaltung der Vereinbarung und der definierten Prozesse.

In der Moderation der Zielvereinbarung fließen die Erfahrungen des Trainings zusammen, werden noch einmal reflektiert und dann auf die Realität des Berufsalltags übertragen.

Die Erreichbarkeit eines Ziels kann durch eine Formel ausgedrückt werden, anhand derer sich die Zielvereinbarung überprüfen und messen lässt.

Zielerreichung (Z) = Attraktivität des Ziels (A) × Wahrscheinlichkeit (W) der Erreichbarkeit

$$Z = A \times W$$

Je höher das Produkt aus Attraktivität und Wahrscheinlichkeit ist, umso größer ist die Motivation der Zielerreichung. Diese Werte lassen sich mit der Skalafrage ermitteln (Beispielsweise: Auf einer Skala von 1 = gering bis 10 = maximal, wie schätzen Sie die Wahrscheinlichkeit der Zielerreichung ein?) So entsteht ein Wert, der sich überprüfen und auch verändern lässt. Verbessert werden sollte natürlich immer der kleinere Wert bei der Multiplikation. Je näher die beiden Werte beieinanderliegen, umso besser. Je größer die Differenz zwischen *(A)* und *(W),* umso schwieriger wird es, das Ziel zu erreichen.

Die Moderation der Zielvereinbarung erfolgt in mehreren Schritten:

Moderation der Zielvereinbarung

Schritt 1 »Rückblick«

- Welche Aufgaben beziehungsweise Übungen wurden durchgeführt?
- Welche Emotionen wurden bei den Übungen erlebt?
- Was hat gut funktioniert?
- Worin ist das Team stark?
- Welche Erkenntnisse und Verbesserungsmöglichkeiten haben sich ergeben?
- Welche Veränderungen wurden bereits umgesetzt, und wo gab es Hindernisse?

Schritt 2 »Gegenwart«

- Welche Gruppenprozesse sind der gegenwärtigen Teamsituation am ähnlichsten?
- Welche positiven Aspekte der Zusammenarbeit gibt es bereits?
- Welche Erkenntnisse sollen direkt in der aktuellen Zusammenarbeit umgesetzt werden?
- Wie sind die Prioritäten gelagert hinsichtlich der Kriterien wichtig, dringend, zukunftsweisend?

Schritt 3 »Umsetzung«

- Was waren die drei wichtigsten Erkenntnisse aus dem Training, und wie können diese in der Teamrealität umgesetzt werden?
- Welche Ziele, Schritte und Verantwortlichkeiten können zur Umsetzung beschrieben werden?
- Welche Kriterien gibt es für die Messbarkeit der Ziele?
- Welchen Nutzen haben die Ziele für das Team?

Schritt 4 »Qualitätssicherung«

- Wie können die Ziele gemessen werden?
- Wer ist für die Einhaltung der Vereinbarung verantwortlich?
- Wie wird das Ziel intern kommuniziert, und wie werden gegebenenfalls Teammitglieder, die nicht teilgenommen haben, integriert?
- Wie wird die erfolgreiche Umsetzung der Zielvereinbarung kommuniziert und entsprechend gewürdigt?

Eine Transfermoderation steht und fällt mit den Qualitäten des Moderators. Hier ist eine gute Mischung aus Klarheit und Präsenz in der Diskussionsleitung gefragt. Gleichzeitig ist es für den Moderator wichtig, sich mit seinen Eigeninteressen herauszunehmen, damit es die Vereinbarung der Gruppe wird und diese in ihrer Verantwortung bleibt. Der Moderator ist wach hinsichtlich der Anzeichen, die Ausflüchte oder unrealistische Ziele betreffen, und wird diese ansprechen. Es ist empfehlenswert, hier keine Bewertungen oder persönlichen Meinungen abzugeben, sondern der Gruppe mit Fragen zu mehr Klarheit zu verhelfen:

- Für wie realistisch halten Sie diese Schritte?
- Was wären die positiven Veränderungen durch diese Vereinbarung?
- Welches Ziel wird mit diesem Schritt erreicht?
- Gibt es noch andere Optionen?

Eine weitere Möglichkeit für den Moderator, steuernd einzugreifen, aber dennoch neutral zu bleiben, besteht darin, selbst einen Vorschlag zu machen. Hierfür macht der Moderator in diesem Moment transparent, dass er die Moderatorenrolle verlässt. Die Gruppe entscheidet, ob sie sich mit diesem Vorschlag beschäftigen will oder nicht. Im weiteren Verlauf hält sich der Moderator zurück, bleibt im Hintergrund und diskutiert nicht mit.

Die zentralen Kompetenzen des Moderators im Prozess der Zielvereinbarung sind Stringenz und Neutralität. Seine Aufgabe ist es, den Prozess und die Diskussion insbesondere durch die Schritte 1 und 2 zu initiieren und ins Laufen zu bringen. Danach ist es seine Aufgabe, die Diskussion zu leiten, allen ein Rederecht zu ermöglichen, die »Stilleren« einzubeziehen und das Ziel im Blick zu behalten. Das erfordert den nötigen Abstand vom Inhalt der Diskussion. Im Idealfall kann er im Laufe des Prozesses die Moderation immer mehr an die Gruppe abgeben und den Prozess weiterhin beobachten. Ganz herausnehmen sollte er sich nicht. Seine externe Funktion bleibt wichtig. Sonst könnte zum Beispiel ein dominanter Teamleiter die Diskussion übernehmen und versuchen, die Vereinbarung in seinem Sinne zu steuern. Da die Teammitglieder wahrscheinlich nicht intervenieren würden, wird hier vom Moderator der Mut verlangt, die Steuerung wieder zu übernehmen. Solche Momente entscheiden unter anderem auch über den Erfolg oder Misserfolg eines Trainings. Denn es besteht die Gefahr, dass die Teammitglieder in die Arbeitssituation zurückkehren und denken: »Die ›Spielchen‹ waren ganz nett, aber letztendlich hat sich doch nichts verändert.«

Es ist wichtig, der Gruppe zu verdeutlichen, dass es einen Unterschied zwischen Training und Umsetzung gibt und dass die Erfolgseinschätzungen auch unterschieden werden müssen. Ein Training kann durchaus sehr erfolgreich mit einer guten Vereinbarung zu Ende gehen. Inwieweit anschließend die Umsetzung gelingt, bleibt offen und liegt in der Verantwortung der Gruppe. Wichtig ist, diese zwei Schritte zu trennen. Wie im Sport kann eine Gruppe gut trainieren, aber das Punktspiel verlieren. Die eigentliche Arbeit beginnt nach dem Training. In der Regel bewirkt diese Unterscheidung Ernsthaftigkeit und Motivation, um Zeit in eine gute und realistische Zielvereinbarung zu investieren. In der Vereinbarung misst sich das Team an sich selbst.

Noch ein paar Worte zum Timing der Zielvereinbarung. Es ist nicht immer kalkulierbar, wie viel Zeit dafür notwendig sein wird. Es sollte kein Druck entstehen, die Moderation »durchziehen« zu müssen, aber auch im Anschluss kein Loch entstehen. Daher ist es wichtig, noch eine Abschlussübung vorzubereiten, die zeitlich flexibel ist und zwischen 20 und 60 Minuten variieren kann. Das Setting muss so gestaltet werden, dass die Gruppe zum Abschluss nicht scheitern kann, sondern das Training mit einem Erfolg beendet. Weiterhin muss die Übung mit normalem Schuhwerk oder Turnschuhen durchführbar sein. Diese Abschlussübung sollte zu Beginn bei der Vorstellung des Zeitplans angekündigt werden, sodass ein Rahmen für das Seminar entsteht. Es empfiehlt sich, offenzulassen, welche Übung das sein wird. Damit gibt es noch eine Überraschung, und der Trainer bleibt in der Planung flexibel.

Abschließende Fragen

>»Gewöhnlich glaubt der Mensch, wenn er nur Worte hört,
>Es müsse sich dabei doch auch was denken lassen.«

Nach dem Rundgang mit anschließendem kurzen Mittagessen kehrten die beiden in den Besprechungsraum zurück. Während dieser Zeit hatten sie sich über viele Details ausgetauscht, und eigentlich war das Training so gut wie geplant. Sarah Mikkel hatte einige praktische Erfahrungen in das Gespräch eingebracht, und so bekam Herr Gabriel ein immer klareres Bild. Er konnte sich das Training mit der Region 8 bereits bildlich vorstellen.

»Eine wichtige Frage, Frau Mikkel, habe ich noch. Wie sieht es mit der Sicherheit der Teilnehmer aus? Natürlich sind manche sportlich, andere nicht, und sicherlich gibt es das eine oder andere gesundheitliche Thema zu berücksichtigen.«

»Gut, dass Sie das ansprechen«, sagte Sarah Mikkel, »wir machen ja nichts Riskantes und sind nicht im Bereich der Natursportarten wie Klettern unterwegs.«

»Ja, aber so, wie ich Sie verstanden habe, entsteht auch körperliche Nähe, und man muss auch einmal jemanden hochheben. Wissen Sie ... in unserem Alter ... die Bandscheiben ... Und ein paar Damen haben wir auch im Team ... Sie verstehen?«

»Bei der Aufgabenstellung zu jeder Übung wird mit der Beschreibung vorgegeben, dass nur ›gesunde Lösungen‹ zulässig sind. Was das im Einzelfall bedeutet, hängt von der Übung und der Lösung ab, die von der Gruppe erarbeitet wird. Je nachdem unterbreche ich dann und sage, dass dies keine ›gesunde Lösung‹ sei und daher ein anderer Weg notwendig ist.«

»Das klingt sehr plausibel.«

»Weiterhin gibt es noch die sogenannte ›Stoppregel‹. Jeder Teilnehmer hat das Recht, ›Stopp‹ zu sagen, weil er oder sie glaubt, dass etwas für ihn, die Gruppe oder Einzelne in der Gruppe nicht sinnvoll ist. Das gleiche Recht habe ich, wenn ich sehe, dass etwas in eine Richtung geht, die nicht meinen Vorstellungen von Sicherheit entspricht.«

»Gibt es denn für die Übungen ein Sicherheitsmanual?«

»Ja, solche Standards gibt es. Es gibt auch ausreichend Publikationen zum Thema Sicherheit in der Erlebnispädagogik. Das betrifft aber hauptsächlich die Natursportarten. Für den Bereich der Problemlösungsaufgaben gelten die Sicherheitsaspekte vor allem für das Thema Tragen und Heben, sicheres Umfeld und Boden sowie die psychische Sicherheit.«

»Das klingt durchdacht, und wenn ich das so weitergebe, werde ich das meiner Geschäftsführung schon erklären können.«

»Natürlich bin ich gerne auch bereit, zu einem persönlichen Gespräch genau zu diesen Fragen zur Verfügung zu stehen.«

»Vielen Dank für das Angebot, aber ich denke, das wird nicht notwendig sein. Hoffe ich … Haben Sie denn noch Fragen an mich oder zu unserem Unternehmen?«

»Vielen Dank, von meiner Seite ist alles geklärt. Ich werde Ihnen heute Nachmittag noch zwei Terminoptionen mailen, wenn ich mit dem Hotel, wo wir das Training durchführen, gesprochen habe. Natürlich bekommen Sie dann von mir auch ein Angebot für das Training. Diese Optionen sind dann zwei Wochen gültig.«

»Sehr gut, das genügt mir, um intern eine Entscheidung zu bekommen. Ich bedanke mich für das ausführliche Gespräch und freue mich auf unsere Zusammenarbeit.«

Sie verließen den Besprechungsraum, und Herr Gabriel brachte sie noch zur Empfangshalle. Dort verabschiedeten sie sich, Sarah Mikkel ging zu ihrem Auto. Ihr Gefühl sagte, dass dies ein sehr gutes Gespräch gewesen war und sie gerade einen neuen Auftrag bekommen hatte. Sie setzte sich ins Auto und fuhr freudig nach Hause.

Sicherheit

In der Erlebnispädagogik wird zwischen physischer und psychischer Sicherheit unterschieden.

Das Thema der »physischen Sicherheit« ist im Rahmen dieser Lernprojekte mit dem Seil nicht so spektakulär wie bei den klassischen Outdooraktivitäten und im Hochseilgarten. Dennoch gibt es einiges zu bedenken, unabhängig vom Alter und Fitnesszustand der Teilnehmer.

Grundsätzlich gibt es auch die Möglichkeit eines medizinischen Selbstauskunftsbogens. Dieser wird zu Beginn des Seminars ausgefüllt und dient dem Leiter als Orientierung. Zu den handlungsorientierten Übungen mit Seil ist es nicht nötig.

Bei der Vorstellung der Trainingsprinzipien zu Beginn eines jeden Seminars wird auf diesen Aspekt hingewiesen und die Verantwortung in die Hände der Teilnehmer gelegt. Dabei sollte geklärt sein, auf was die Gruppe bei der Lösung einer Aufgabe achten muss. Wir sprechen in unseren Trainings davon, dass nur »gesunde Lösungen« erlaubt sind, und weisen dann auf die entsprechenden Aspekte hin, dies betrifft insbesondere die Bänder in den Gelenken (vor allem Fuß, Knie und Schulter) sowie die Bandscheiben. Grundsätzlich sind als »ungesunde Lösungen« einzustufen:

- Sprünge.
- Heben und Tragen durch eine oder zu wenige Personen.
- Starke oder einseitige Rückenbelastungen.
- Akrobatik und außergewöhnliche Bewegungen.
- Häufiges Bücken und Arbeiten in der Hocke.

Was letztendlich eine gesunde Lösung ist und wann interveniert werden muss, wird situativ entschieden. Mit der Aufgabenstellung wird klar formuliert, dass Lösungswege als »ungesund« eingestuft werden können und dann nicht durchführbar sind. Umgekehrt gilt, dass alle in diesem Buch beschriebenen Übungen »gesund« lösbar sind, vorausgesetzt, es bestehen keine Handicaps wie zum Beispiel Zerrungen, Leistenbruch oder Bandscheibenvorfall.

Aber auch in so einem Fall kann es Teil der Lösung und Aufgabe der Gruppe sein, einen entsprechenden Weg zu finden, die Person in die Lösung der Aufgabe zu integrieren.

Weiterhin finden die Übungen idealerweise im Freien statt. Je nach Jahreszeit ist auf Allergien, Heuschnupfen, Insektenstiche oder Zecken hinzuweisen. Allerdings sollte dem Thema nicht zu viel Raum gegeben werden, weil sonst die Gefahr besteht, dass die Übungen als gefährlich und schwierig eingeschätzt werden, was sie definitiv nicht sind.

Bei der Vorbereitung, Planung und Durchführung der Übungen in der Natur ist die entsprechende Geländeauswahl zu beachten. Dies betrifft insbesondere die Beschaffenheit des Untergrunds, der wetterbedingt unterschiedlich sein kann. Es sollte darauf geachtet werden, dass an Bäumen oder anderen Begrenzungen keine Verletzungsgefahren durch abstehende Äste oder Ähnliches entstehen.

Oft nimmt die Planungszeit genauso viel Raum ein wie die Durchführung. Während der Planung ist die Gruppe eher statisch auf einem Platz, dies ist sowohl bei Hitze als auch bei Regen und Kälte zu beachten, denn beides kann zu Schwierigkeiten im Sinne von Überhitzung oder Auskühlung führen. Insofern könnten die Wettergegebenheiten ein Teil der Aufgabenstellung sein, sodass explizit als »gesunde Lösung« die entsprechenden Rahmenbedingungen des Wetters berücksichtigt werden sollten.

Die notwendige Ausrüstung für die Teilnehmer sowie einige Vorabinformationen über die Trainingsform sollten im Vorfeld kommuniziert werden. Die Teilnehmer bringen das entsprechende Material mit, oder es wird, soweit möglich, zur Verfügung gestellt.

Auch die Leiter sollten sich entsprechend ausrüsten, denn sie sind es, die am längsten warten müssen, nachdem die Aufgabenstellung anmoderiert wurde. Je nach Niveau der Aufgabenstellung und Kompetenz der Gruppe können die Übungen oft eine Stunde überschreiten. Ist nach mehr als 90 Minuten die Gruppe nicht auf dem Weg zu einer sinnvollen Lösung, sollte entweder eine Hilfestellung, eine Unterbrechung oder sogar der Abbruch der Übung erwogen werden.

Eine wichtige Aufgabe des Trainers während jeder Durchführung ist das »Spoten«.

Spoten

»Spoten« ist ein Begriff, der sich irgendwann in die erlebnispädagogische Arbeit »eingeschlichen« hat und seitdem als Fachbegriff seinen Platz bekommen hat. Ursprünglich steht die englische Formulierung »to be on the spot« dahinter. Das kann mit »zur Stelle sein« übersetzt werden und beschreibt auch genau, um was es geht.

Während der Durchführung hält sich der Trainer natürlich aus dem Geschehen heraus, aber zu bestimmten Momenten sollte er nahe an der Gruppe oder den einzelnen Teilnehmern stehen, um im richtigen Moment doch eingreifen zu können. Klassische Situationen für »Spoten« entstehen beim Spinnennetz, wenn die Teilnehmer durch das Netz gereicht werden, oder gerade in der Anfangsphase, wenn es Übungen gibt, bei denen Teilnehmer nur auf einem Bein stehen dürfen.

Wann »Spoten« notwendig ist, lässt sich nicht verallgemeinern und hängt von den Lösungsansätzen der Gruppe, der Umgebung und der Gruppe selbst ab. Letztendlich entscheidet der Trainer aufgrund seiner Erfahrung und Einschätzung der Situation.

Müssen aus witterungsbedingten Gründen oder weil nicht das entsprechende Umfeld vorhanden ist, die Aufgaben indoor durchgeführt werden, so sind auch hier ähnliche Sicherheitsregeln zu beachten:

- Ist der Boden rutschig?
- Sind die Fixpunkte, an denen Seile befestigt werden, stabil?
- Besteht die Gefahr von Beschädigungen?
- Werden andere Gruppen oder Veranstaltungen dadurch beeinträchtigt?
- Ist ausreichend Platz an der Seite und zur Decke vorhanden?
- Sind die verwendeten Materialien in einwandfreiem Zustand?
- Schmuck, Uhren, Brillen, Piercing gegebenenfalls ablegen.
- Erste-Hilfe-Set muss bereitliegen.

Die »psychische Sicherheit« bezieht sich vor allem auf die individuelle Komfortzone, deren Grenzen unter Umständen bei manchen Teilnehmern sehr schnell erreicht sind. Der wichtigste Schritt ist, dass diese Grenzen von allen Beteiligten, auch den Trainern respektiert werden. Hier ist es Teil der Gruppenaufgabe, eine Lösung zu entwickeln, die entsprechende Bedürfnisse berücksichtigt. Die wesentlichen Faktoren der psychischen Sicherheit sind körperliche Berührung und Nähe. Da für die Lösung der Aufgaben meist diese beiden Faktoren notwendig sind, empfiehlt sich eine langsame Herangehensweise im Schwierigkeitsgrad der Übungen.

Die nächsten Schritte

»Und keinen Tag soll man verpassen.
Das Mögliche soll der Entschluss
Beherzt sogleich beim Schopfe fassen.«

»Hallo, hier ist Gabriel. Frau Mikkel, wir hatten vergangene Woche unser Gespräch für das Training, und ich kann Ihnen sagen, es sieht gut aus.«

»Danke, das freut mich. In diesem Fall würde ich Sie bitten, die Reservierungsbestätigung an das Hotel zu schicken und auch mir eine kurze Zusage per E-Mail zu schreiben.«

»Das mache ich gerne, es gibt noch ein kleines ›Aber‹ …«

»Na, das werden wir auch noch aus der Welt räumen können. Um was handelt es sich denn?«

»Na ja, wie soll ich es sagen … Für Ihre Tätigkeit gibt es kein richtiges Berufsprofil oder irgendeinen Abschluss. Sie haben mir zwar einige biografische Daten in Ihrem Angebot geschrieben, jedoch möchte die Geschäftsführung mehr Informationen.«

»Selbstverständlich, Herr Gabriel, ich stelle Ihnen etwas zusammen. Ich mache Ihnen eine Aufstellung meiner Qualifikationen und Ausbildungen, beschreibe zwei Projekte und nenne Ihnen einige Referenzpartner. Meinen Sie, das wird Ihre Geschäftsführung zufriedenstellen?«

»Ich denke schon – und ich habe ja auch noch ein Wörtchen mitzureden. Ich glaube, das sind eher Formalien, weil sich mein Chef natürlich auch qualitativ absichern will.«

»Dafür habe ich volles Verständnis.«

»Prima, dann sind die formalen Dinge geklärt. Der Leiter aus der Region 8 hat dem Training zugestimmt. Zugegebenermaßen nicht sehr begeistert. Ich werde bei der nächsten Teamsitzung dabei sein und die beiden Fragen, die Sie mir in unserem ersten Telefonat sagten, mit dem Team besprechen. Ich glaube, wir sollten uns dennoch auf eine Portion Skepsis einstellen.«

»Das ist normal.«

»Ach ja?«

»Meistens schon. Das ist aber völlig in Ordnung. Nach den ersten Übungen, wenn die Gruppe die Nähe zu ihrer Arbeitssituation sieht, verschwindet die Skepsis schnell. Aber wir müssen noch eine andere wichtige Frage besprechen, nämlich Ihre Rolle in diesem Prozess und ob Sie an dem Training teilnehmen oder nicht.«

»Darüber habe ich noch gar nicht nachgedacht. Was meinen Sie?«

»Ziel des Trainings ist, dass im Team eine Vereinbarung über die Veränderungsmöglichkeiten getroffen wird. Dies sollte messbar und überprüfbar sein. Jetzt gibt es zwei Möglichkeiten: Entweder Sie überlassen die ›Back-home-Situation‹ dem Team und seinem Leiter, oder Sie planen, das Team nach dem Training noch eine Zeit, zum Beispiel ein halbes Jahr, zu coachen. Das würde sicherlich die Effektivität des Trainings steigern. Dann sollten Sie beim Training in der Tat dabei sein.«

»Natürlich wollen wir die Verantwortung für die Veränderungen in die Hände des Teams der Region legen. Allerdings hat die Vergangenheit gezeigt, dass es noch nicht so klappt. Insofern müssen wir da jetzt präsent sein.«

»Das ist Ihre Entscheidung. Auf jeden Fall sollte das Team vor dem Training darüber informiert und im Idealfall auch einverstanden sein.«

»Das stimmt. Dann drücken Sie mir nächste Woche die Daumen. Bitte mailen Sie mir noch die Unterlagen, dann kann ich die grundsätzliche Entscheidung bei uns treffen lassen und spreche mit dem Team. Müssen wir sonst noch etwas besprechen?«

»Wenn alles entschieden ist, denke ich, dass wir einen gemeinsamen Termin mit dem Teamleiter machen sollten. Es ist wichtig, dass er mich kennenlernt und weiß, was bei diesem Training auf ihn zukommt. Auch sollten wir ihn fragen, welche Themen er für wichtig hält und wohin die Reise inhaltlich gehen soll.«

»Prima, dann schreiben Sie mir bitte doch gleich noch ein paar Terminvorschläge für das Gespräch mit dem Teamleiter.«

»Das mache ich gerne – und toi, toi, toi für Ihren Termin.«

Trainerqualifikationen

Die Trainerqualifikation steht vor allem im Mittelpunkt, wenn natursportliche Aktivitäten im Programm enthalten sind. Dann ist natürlich die entsprechende Qualifikation, die durch eine Ausbildung und den dazugehörigen Nachweis geliefert wird, schon allein aus versicherungstechnischen Gründen notwendig. In unserem Fall – der handlungsorientierten Arbeit – ist der Fokus etwas anders gelagert. Hier ist eine Mischung aus unterschiedlichen Kompetenzen notwendig. Einerseits sind eine gute Kenntnis der Übungen sowie persönlichen Erfahrungen wichtig, um abschätzen zu können, welche inhaltlichen und gruppenpädagogischen Potenziale darin enthalten sind. Andererseits ist von Bedeutung, zu wissen, auf welche Einfälle eine Gruppe zur Lösung der Aufgaben kommen kann. Zusätzlich gefragt sind ein gewisses Maß an Erfahrung in der Arbeit mit Gruppen sowie die Fähigkeit, Gruppenprozesse zielorientiert zu moderieren.

Diese Mischung aus Fertigkeiten, Fähigkeiten und Erfahrungen gliedert sich in unterschiedliche Bereiche auf.

Persönliche Erfahrung Es ist wichtig, Aufgaben, die gestellt werden, zu kennen, sie selbst erlebt und erfahren zu haben. Da die individuellen Komfortzonen sehr unterschiedlich sind, ist diese eigene Erfahrung für die Einschätzung der Themen »Nähe – Distanz« und »Vertrauen« ein wichtiger Indikator. Nur dadurch können die Aufgaben so gestellt werden, dass neben dem Setting auch der Rahmen stimmt, dass Körpergefühl und Privatsphäre respektiert werden. Ein weiterer wichtiger Aspekt ist die Erfahrung, was in einer Gruppe und beim Teilnehmer selbst durch den Gruppenprozess und die Durchführung der Aufgabe an Emotionen und Erlebnissen offengelegt werden kann, zum Beispiel Stress, dominantes Verhalten, Sich-nicht-integriert-Fühlen, Ungeduld. Dadurch entsteht ein bestimmtes Verhalten, und der Weg der Problemlösung wird sichtbar. Der Leiter muss die häufigsten Herangehensweisen zur Lösung bei diesen Übungen kennen. Dieses Wissen, verbunden mit der Einschätzung von Teamrollen, Gruppenprozessen und Zeitplanung, ist ein wesentlicher Erfolgsfaktor für ein gelungenes Setting.

Sicherheit Der Leiter kennt die entsprechenden Sicherheitsanforderungen und sorgt für deren Umsetzung und Einhaltung. Er muss selbst eingreifen können und ist bei den Übungen stets präsent. Die Geländeauswahl erfolgt während der Trainingsvorbereitung und wird gegebenenfalls witterungsbedingt verändert. Neben der Einhaltung von »gesunden Lösungen« muss er in der Lage sein, Situationen zu antizipieren und diese wachsam zu beobachten. Ein sicheres Gespür, wann man eingreifen muss oder die Situation weiterlaufen lassen kann, ist notwendig.

Persönliche Präsenz Mit den erlebnispädagogischen Übungen wird eine Gruppe meist auf unbekanntes Terrain geführt. Daher sind Ausstrahlung und Klarheit vor der Gruppe notwendig. Die meisten Übungen finden im Freien statt, so ist es wichtig, sich akustisch Gehör zu verschaffen. Wesentlicher Bestandteil für das Gelingen der Übungen ist, dass die Aufgabenstellung in der Zielsetzung und den Feinheiten der Regeln verstanden worden ist. Andernfalls muss der Leiter korrigierend eingreifen, und die Teilnehmer haben das Gefühl, dass nachträglich Regeln eingeführt werden. Dies ist in seltenen Fällen notwendig, aber nur dann, wenn die Gruppe ein »ungesunde Lösung« anpeilt oder tatsächlich eine »Lücke« im Regelwerk gefunden hat.

Vermeintliche Kleinigkeiten wie Lärmquellen in direkter Umgebung oder der Blick gegen die Sonne können störend wirken und sollten so weit wie möglich vermieden werden, weil dadurch häufig die Aufmerksamkeit sinkt. Allerdings ist der Arbeitsalltag ebenfalls nicht frei von Störungen, sodass es hier auch einen Transfer geben könnte.

Die Aufgaben können auch einigen wenigen Teilnehmern in einem geschützten Bereich beschrieben werden, die wiederum die Aufgabe haben, die gesamte Gruppe zu informieren.

Gruppenkompetenz Der Leiter hat Erfahrungen mit Gruppenarbeit, kann dominante Mitglieder integrieren und zurückhaltende dabei unterstützen, ihren Platz auch verbal in der Gruppe zu finden. Er verfügt über ein sensibles Gespür für gruppendynamische Prozesse und weiß, wann er eingreifen muss und wann er zunächst die Selbstregulation der Gruppe wirken lässt. Er ist in der Lage, bei Konflikten die Leitung der Gruppe zu übernehmen und einen Konflikt anzusprechen. Diese Gruppenleitung behält er so lange, bis die Situation gelöst worden ist und die Gruppe sich wieder der Lösung der Aufgabenstellung widmen kann.

Wichtigste Kompetenz des Leiters ist, Teilnehmer, Prozesse und Ergebnisse nicht zu bewerten. Es gibt keine bessere, schnellere oder schlechtere Gruppe in der Lösungsentwicklung, da bei jeder Aufgabenstellung das Setting individuell ist. Ein professioneller Leiter fokussiert nicht auf Fehler, sondern sieht Veränderungspotenzial und erarbeitet mit der Gruppe ihre Erfolgsfaktoren.

Moderation Moderation bedeutet Lenken. Vor dem Training wurden für diese Gruppe einzelne Zielsetzungen festgelegt, die durch dieses Training erreicht werden sollen, zum Beispiel die Verbesserung der Kommunikationsstruktur. Dafür wurden die entsprechenden Übungen ausgewählt und ein Setting vorbereitet. Der Trainer ist dafür verantwortlich, dass die Gruppe eine realisierbare Zielvereinbarung entwickelt. Er ist nicht für den Inhalt, nur für den Prozess verantwortlich. Darüber hinaus treten im Training durch die Übungen noch andere Prozesse und Erfahrungen, die das Team und ihre Mitglieder betreffen, zutage. Diese können in der Moderation aufgegriffen, besprochen und bearbeitet werden.

Bleibt anzumerken, dass der Leiter über Erfahrung im Umgang mit den gängigen Moderationsmaterialien verfügt und sicherstellt, dass Pinnwand, Flipchart, Marker und Moderationskarten in ausreichender Menge zur Verfügung stehen.

56

Die Gruppengröße bestimmt den Trainerschlüssel, das heißt die Anzahl der Trainer, die das Seminar leiten. Grundsätzlich liegt es im Ermessen der Verantwortlichen, dies festzulegen. Begrenzungen gibt es hinsichtlich der Sicherheit und der Möglichkeiten, die Gruppe zu begleiten und zu moderieren. Für die in diesem Buch beschriebenen Aufgaben ist eine Gruppengröße von etwa acht aktiven Teilnehmern notwendig. Erfahrungsgemäß sind 12 bis 18 optimal. Für einen Trainer allein sollte die Gruppenstärke 20 Personen nicht überschreiten.

Leitet ein Trainer allein eine Gruppe, die größer als 14 Personen ist, empfiehlt es sich, noch eine Person auf der Organisationsebene zur Unterstützung zu haben. Je nach Wetter und Entfernung zwischen Seminarraum und Außengelände, wo die Übungen stattfinden, kann es viel Arbeitsaufwand geben. Gleichzeitig müssen situationsbedingt für die Auswertung Flipcharts geschrieben werden. Ist das Wetter schlecht, muss das Material getrocknet werden. Je besser sich das alles organisieren lässt, umso mehr Spaß macht die Arbeit.

Trainer & Kunde

Die Würfel sind gefallen

»Ein jeder lernt nur, was er lernen kann;
Doch der den Augenblick ergreift,
Das ist der rechte Mann.«

Sarah Mikkel und Herr Gabriel hatten ein sehr positives Gespräch mit dem Teamleiter der Region 8. Durch das Treffen konnten Fragen geklärt und Bedenken ausgeräumt werden. Auch der Teamleiter kann sich nun vorstellen, dass ein Training die Führungsmannschaft und die Region nach vorne bringen kann, und ist bereit, das Projekt zu unterstützen.

Jetzt sitzen unsere beiden Protagonisten wieder im Besprechungszimmer, und es werden Trainingsinhalte, Ablauf und organisatorische Details besprochen. Für Herrn Gabriel ist das Gelingen des Projekts sehr wichtig, und daher möchte er in der Vorbereitung konkret mitwirken, viele Themen besprechen und ist natürlich auch sehr neugierig, wie das Training nun tatsächlich ablaufen wird.

»Ich denke, dass wir Inhalte und Organisation geklärt haben«, sagte Sarah Mikkel, »jetzt möchte ich Ihnen noch etwas über das Teammodell erzählen, mit dem ich arbeite.«

»Nun, Sie haben schon angedeutet, dass Sie mit der sogenannten Teamuhr von Tuckman arbeiten. Davon habe ich schon gehört ... Aber ich kenne es bestimmt nicht so gut wie Sie«, fügte er mit einem charmanten Lächeln hinzu.

»Oh, darauf kommt es gar nicht an. Ich finde, es ist ein sehr interessantes Modell. Übrigens stammt der Begriff ›Teamuhr‹ gar nicht von Tuckman selbst. Er hat seine Überlegungen nur einmal 1965 in einem Artikel beschrieben, und seitdem hat dieses Modell einen unglaublichen Aufschwung erlebt und viele Veränderungen durchlebt – nicht immer zum Vorteil des ursprünglichen Modells.«

Sie stand auf, ging zum Flipchart, visualisierte die vier Phasen und zog eine Verbindungslinie, sodass ein Kreislauf entstand.

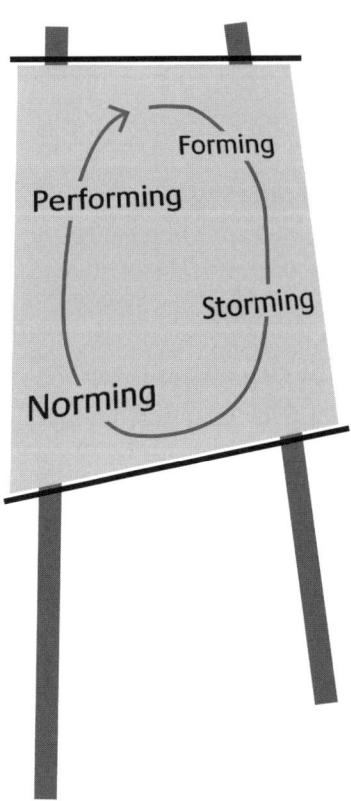

»Das Wichtige für mich ist, dass dies ein sehr flexibles Modell ist. Zum einen ist sehr genau beschrieben, welche Merkmale die einzelnen Phasen enthalten und was ein Team innerhalb dieser Phasen leisten kann und was nicht. Zum anderen schwankt jedes Team zwischen den Phasen. Wenn ein Team einmal das ›Norming‹ erreicht hat, bedeutet es nicht, dass es dort bleibt, sondern es kann durchaus auch wieder ins ›Storming‹ zurückfallen. Bei der Betrachtung von Teamprozessen geht es also nicht nur darum, was ein Team an Fähigkeiten braucht, um in einer bestimmten Phase zu bestehen, sondern auch darum, wie es dorthin kommt, warum es wieder zurückfällt und wie es möglich ist, in einer Phase konstant zu bleiben.«

»Das ist sehr interessant, und wie zeigt sich so etwas in Ihren Trainings?«, fragte Herr Gabriel.

»Es kann sein, dass die Gruppe eine schwierige Aufgabe sehr gut und schnell löst und wirklich alle Erfolgsfaktoren vorhanden sind, um im ›Norming‹ oder ›Performing‹ zu sein. Dann machen wir die nächste Übung, es geht gar nichts mehr, und man bekommt den Eindruck, dass wir uns im ›Storming‹ befinden und das Team echte Schwierigkeiten bekommt.«

»Und das kommt vor?«

»Ja, und gar nicht so selten.«

»Was bedeutet das für unser Team der Region 8?«

»Nun, ich weiß bisher, dass die Kernthemen dieses Teams die interne Kommunikation und Verantwortlichkeit sind. Warum auch immer, das werden wir sehen. Jetzt ist es wichtig, das Team sozusagen innerlich wieder in Bewegung zu bringen. Ich vermute, wir werden diese Phasen sehr intensiv erleben. Gleichzeitig bedeutet es aber auch, zu akzeptieren, dass es Schwankungen in der Teamarbeit gibt. Sehr gute Lösungen, aber eben gleichermaßen Schwierigkeiten. Unser Ziel sollte sein, das Team dabei zu unterstützen, die Phasen zu erkennen und zu lernen, wie die Teammitglieder selbst steuernd eingreifen können.«

»Wie im Fußball, nach einem Gegentor wieder ins Spiel zu finden. ›Die Mannschaft ist zurückgekommen …‹, so nennen es die Trainer immer.«

»So ungefähr können wir uns das vorstellen.«

»Sehr gut, Frau Mikkel. Ich bin gespannt. Haben wir alles geplant? Müssen wir noch etwas besprechen?«

»Es ist alles vorbereitet und geklärt. Jetzt fehlt nur noch eines.«

»Aha – und das wäre?«

»Loslassen. Wir freuen uns auf das Training. Es passiert, was passiert, und das werden wir alles im Training bearbeiten und lösen.«

»Da haben Sie recht. Ich muss allerdings zugeben, dass ich schon unter Druck stehe. Ich habe das Training, die Kosten und den Erfolg zu verantworten.«

»Herr Gabriel, auch wir sind jetzt für eine kurze Zeit ein Team. Ich verstehe Ihre Situation. Gerade deshalb ist es wichtig, zu vertrauen. Wir schaffen das.«

»Einverstanden. Aber jetzt habe ich noch eine ganz andere Frage: Arbeiten Sie nur mit bestehenden Teams oder auch mit anderen Gruppen?«

»Ich mache oder gebe auch viele Fortbildungen und Seminare zum Thema erlebnispädagogisches Coaching. Dann sind die Teilnehmer meist Trainerkollegen oder Multiplikatoren. Auf jeden Fall sind sie kein tatsächliches Team. Aber sie sind für die Zeit des Seminars ein Team. Insofern entstehen ebenfalls Gruppenprozesse, nur der Transfer ist dann eher individuell, zum Beispiel mit der Frage: Was habe ich persönlich über mein Verhalten in Teams gelernt, und was möchte ich verändern?«

»Das hört sich nach einer gehörigen Portion Selbstreflexion an.«

»Durchaus, aber nur, wenn man auch bereit ist, sich zu öffnen.«

»Vielleicht werde ich eines Tages eine Fortbildung bei Ihnen besuchen.«

»Das würde mich sehr freuen. Ich bedanke mich für Ihre Zeit und die gute und kooperative Vorbereitung des Trainings. Wir sehen uns vor Seminarbeginn im Hotel. Ich werde Ihnen die unterschiedlichen Kategorien der Aufgaben erläutern, und dann lassen wir uns überraschen.«

Herr Gabriel begleitete Frau Mikkel wieder zum Ausgang. Sie verabschiedeten sich voneinander, dann trat sie aus dem Gebäude und genoss das Sonnenlicht, das ihr entgegenflutete.

»Wunderbar«, dachte sie, »jetzt brauchen wir nur noch schönes Wetter für das Training. Aber auch das wird kommen. Immer positiv denken und das Beste erwarten!«

Teamphasen nach Tuckman

Die vier Teamphasen nach Tuckman gelten inzwischen als Klassiker für die Beschreibung von Teamprozessen. Die ursprüngliche Quelle ist ein Artikel von Bruce W. Tuckman aus dem Jahr 1965 mit dem Titel »Developmental Sequence in Small Groups«. Heute hat das Modell viele Namen bekommen, vom »Vier-Phasen-Modell« bis zur »Teamuhr«.

Tuckman war als junger Wissenschaftler Teil eines Teams am »Naval Medical Research Institute«. Dort wurde das Verhalten von kleinen Teams in unterschiedlichen Situationen erforscht. Letztendlich scheint dies ein Forschungsprojekt der amerikanischen Marine über das Verhalten von Gruppen in Stresssituationen gewesen zu sein. Tuckman selbst beschreibt, dass sein damaliger Vorgesetzter, Irwin Altman, eine große Anzahl von Artikeln über Gruppenprozesse gesammelt hatte. Eines Tages übergab er Tuckman seine Sammlung mit dem Auftrag, diese zu durchforsten und zu sehen, ob er daraus irgendwie etwas machen könne. So entstand das bis heute bekannteste und am häufigsten verwendete Modell über die Funktionsweise von Teams.

Tuckman unterscheidet vier Phasen der Teamarbeit: Forming, Storming, Norming und Performing. Sieben Jahre nach Erscheinen des Artikels, als dieses Modell bereits viel diskutiert und angewandt wurde, fügte er noch eine fünfte Phase dazu. In seinem Artikel »Stages of Small-Group Development Revisited«, den er 1977 gemeinsam mit Mary Ann C. Jensen verfasste, nannte er diese fünfte Phase »Adjourning«. Diese hat sich interessanterweise aber sowohl in der Praxis als auch in der Literatur bis heute wenig durchgesetzt, weil sie eigentlich schon im Zyklus des Vier-Phasen-Modells enthalten ist.

Die zentrale Aufgabe eines Trainers ist es, die Gruppe durch die verschiedenen Phasen zu begleiten. Dies unterscheidet ihn von einem Teamleiter, der dauerhaft mit einer Gruppe zusammenarbeitet. Der Trainer gleicht einem Lotsen, zu einem bestimmten Moment kommt er an Bord, trifft Entscheidungen in einem Gebiet, in dem er Experte ist, unterstützt dabei, das

Schiff durch eine Situation zu manövrieren, und verlässt dann das Schiff wieder. Daher nennen wir die Kompetenzen des Trainers in den einzelnen Phasen als »Lotsenkompetenz«.

Forming beschreibt den Moment, wenn die Gruppe neu zusammenkommt. Dabei spielt es keine Rolle, ob sich die Mitglieder der Gruppe untereinander kennen, teilweise oder völlig bekannt sind. In dem Moment, wenn eine Gruppe neu oder nach einer längeren Pause wieder zusammenkommt, beginnt eine Formingphase.

Die Formingphase hat eine besondere Qualität, denn sie besteht einerseits aus einer gewissen Verunsicherung, wer jetzt der Gruppe angehört oder wie es wohl ist, die eine oder andere Person wiederzutreffen – als Kollegen, Partner, Teammitglied, Konkurrenten. Andererseits hat die Formingphase auch den Zauber des Neuanfangs. Wenn wir einen wirklichen Neuanfang beginnen, beispielsweise in einer Gruppe, deren Mitglieder sich nicht kennen, werden wir auf scheinbar wunderbare Weise zu den Menschen hingezogen, mit denen wir, ohne es zu wissen, zu wollen oder zu ahnen, über längere Zeit und manchmal sogar ein Berufsleben lang zu tun haben werden. Menschen, die wir am ersten Tag oder in der ersten Woche in der Schule, auf der Universität oder in einem Seminar kennenlernen, bleiben wir oft sehr lange verbunden.

Forming ist die *Phase der Fragezeichen:* Wie werde ich wahrgenommen? Wer ist noch in der Gruppe? Wer übernimmt die Initiative? Wie fühle ich mich in der Gruppe? Diese Phase ist sehr sensibel und wichtig, da hier Vertrauen für die spätere Zusammenarbeit aufgebaut werden oder verloren gehen kann.

Lotsenkompetenz

- Freiräume zum Kennenlernen ermöglichen.
- Variantenreiche Aufgaben auswählen, sodass verschiedene persönliche Fähigkeiten gezeigt werden können.
- Nähe und Distanz ermöglichen.
- Klare Vorgaben und Aufgabenstellungen.
- Transparenz schaffen (Trainingsinhalte, Teilnehmer).
- Erwartungen und Befürchtungen klären.
- Informationen geben, Fragen beantworten.

In der **Stormingphase** kommt Leben in die Gruppe. Rollen und Erwartungen bilden sich heraus, zeigen sich und werden gelebt. Es entstehen Energie, Reibung, und erste Positionskämpfe finden statt. Es stellt sich heraus, wer lauter oder leiser, dominant oder autoritär, offen oder verschlossen ist. Storming ist die *Phase der Blitze,* denn jetzt zeigt sich, was in der vorherigen Phase noch verborgen oder verdeckt bleiben konnte.

Jedes Team, das wirklich bis zur Performingebene kommen möchte, muss sich einer Stormingphase stellen. Die nächsten beiden Phasen beschreiben die Formen der Zusammenarbeit, insofern muss vorher die emotionale Ebene geklärt sein.

Die ersten beiden Phasen sind die emotionalen. Für einen Teamleiter bedeutet es, das menschliche Bedürfnis nach Harmonie und das reale Erleben von Disharmonie, Streit oder Spannungen zu ertragen. Dies kann zwei Konsequenzen haben:

- Auf der einen Seite glauben wir, dass wir unsere Arbeit nicht professionell genug machen, denn wenn wir unser Team gut führen würden, gäbe es diese strittigen Situationen nicht.
- Auf der anderen Seite steht der Wunsch jedes Menschen nach Anerkennung und Akzeptanz.

Wenn ich mit meinem Team durch die Stormingphase gehe, stehe ich als Trainer »im Wind«, muss auch einmal unbequeme Entscheidungen treffen.

Die wichtigste Herausforderung für Team und Leiter besteht darin, die Stormingphase wirklich zuzulassen und sie gleichzeitig nicht aus dem Ruder laufen zu lassen. Gewitter sind nicht immer angenehm, aber sie reinigen und klären – das ist das Motto der Stormingphase.

Lotsenkompetenz

- Chaos zulassen.
- Konflikte moderieren.
- Rollen klären.
- Nachdenklichkeit und Reflexionsbereitschaft erzeugen.
- Erste Veränderungsmöglichkeiten besprechen.
- Klare Regeln und Konsequenzen durchsetzen.
- Auch einmal Abstand zulassen.

In der **Normingphase** entsteht die Alltagsbeziehung. Jetzt wird das Team handlungsfähig und beginnt, sich als Organismus zu sehen. Es gibt Untergruppen, die mehr oder weniger sichtbar sind, abhängig von der Teamstruktur. Je kleiner die Einheiten in der Normingphase sind, umso besser und desto schneller entsteht die konstruktive Zusammenarbeit. Voraussetzung ist allerdings, dass die Schnittstellen zwischen den Subsystemen funktionieren, und hier kann es durchaus zu Schwierigkeiten kommen. In der Normingphase kann und soll dies noch sein, damit die Notwendigkeiten für Veränderung sichtbar werden.

Das Schlüsselwort für die Normingphase ist *Verbindung*. Zwischen den Teammitgliedern entstehen Arbeitsbeziehungen, manche reichen über die Subsysteme hinaus. In dieser Phase beginnt das Team, sich zu etablieren, bildet aber gleichzeitig Routinen aus. Einerseits kann so eine hohe Effizienz entstehen, aber andererseits auch eine gewissen Starre, weil Prozesse, die funktionieren, nicht mehr hinterfragt werden. Die Kunst der Normingphase liegt für ein Team darin, zwischen Verbindlichkeit und Innovation hin- und herzuwandeln. Alles zu seiner Zeit, aber die Offenheit bleibt bestehen.

Lotsenkompetenz

- Ziele vorgeben.
- Herausforderungen schaffen.
- Eigenverantwortung und Selbststeuerung der Gruppe fördern.
- Impulse setzen und dann Beobachterrolle einnehmen.

Die **Performingphase** ist die letzte und entscheidende Phase eines Teamprozesses. Hier kommt das Team zu Höchstleistungen. Man könnte es auch die Wettkampfphase nennen. Jetzt greifen alle Teile eines Teams ineinander, die Aufgaben sind klar definiert und werden individuell oder gemeinsam auf höchstem Niveau durchgeführt.

Erfolg definiert die Performingphase. Diese Phase ist nur möglich, wenn für alle Teammitglieder das gemeinsame Ziel die höchste Attraktivität genießt. Performingphasen können jedoch nicht konstant etabliert werden, das führt zum Burnout-Syndrom, denn auf Dauer wird der Druck zu hoch. Keine Sportmannschaft kann eine ganze Saison konstant auf gleichem Niveau bleiben. Es muss ein Auf und Ab geben, damit immer wieder die Performingphase erreicht werden kann.

Nach der Performingphase beginnt der Teamzyklus neu. Das ist der Grund, warum Teams im Sport, die in einer Saison gut gespielt haben oder Meister geworden sind, nicht automatisch in der neuen Saison auf dem gleichen Niveau beginnen. Auch wenn sich das Team kennt, gibt es eine Formingphase. Wenn ein Mitglied neu ins Team integriert wird oder wieder zurückkommt, beginnt diese Phase von Neuem. Die Kunst der Führung besteht darin, ein Team in der passenden Geschwindigkeit durch die Forming- und Stormingphase bis ins Norming zu führen und dann im richtigen Moment in die Performingphase zu wechseln. Im Sport nennt man das »auf den Punkt fit sein« und »die Leistung abrufen«.

Die fünfte Phase, die Tuckman einige Jahre später **Adjourning** nennt, beschreibt genau dieses Phänomen, dass es nach der Performingebene einen Neuanfang geben muss. Diese »Verabschiedung« sieht er ursprünglich nicht als Teil des Modells, sondern als Ende und gleichzeitigen Beginn, wenn es wieder in das Forming übergeht.

Insofern kann man das Adjourning als den *Übergang* zwischen Performing und Forming bezeichnen. Die Ruhepause, das Durchatmen, der Übergang, die Leere, aber auch Auswertung, Rückblick, Feiern von Erfolgen. Tuckman und Jensen haben diese fünfte Phase als Ergebnis der Diskussionen und Rückmeldungen über das Vier-Phasen-Modell sozusagen nachträglich beschrieben. Sie hat sich nicht allgemein durchgesetzt.

Das Modell hat sich in der Praxis bewährt. Zwei wichtige Grundregeln für die praktische Anwendung gibt es:

- Keine Phase kann übersprungen werden. Insofern sollte auch nicht versucht werden, eine Phase, meist die Stormingphase, möglichst schnell hinter sich zu lassen. Teamprozesse sind zyklisch, die Normingphase kann relativ lange andauern, allerdings in Routine erstarren, dann ist Performing nicht mehr möglich.

- Wenn es Schwierigkeiten im Team gibt, beispielsweise Konflikte, Fluktuation, Krankenstand, Aufträge werden nicht pünktlich erledigt, Gruppenbildung, Mobbing, Burnout und anderes mehr, dann sollte eine Phase zurückgegangen werden. Im Extremfall geht das bis zur Formingphase, was einer völligen Neupositionierung des Teams gleichkommt.

Das Modell von Tuckman gleicht einem Kompass, der hervorragend zur Orientierung dient. Mit diesem Modell lassen sich Teamprozesse und die notwendigen und hilfreichen Schritte erkennen. Kein Team kann die Entscheidung treffen, sich zu verändern, wenn es in der Stormingphase steckt (gerade dann nicht). Hier ist der Leiter des Teams gefragt, um eine nachhaltige Veränderung hinsichtlich der Teamarbeit einzuleiten.

Wenn die Gruppe kein Team ist ...

Die Arbeitsweise des erlebnispädagogischen Teamcoachings ist spannend, abwechslungsreich und wirksam. Daher besteht stets ein großes Interesse von Multiplikatoren, die sich in dieser Methode fortbilden möchten. In diesem Fall entsteht ein »Kurzzeitteam«, das jedoch hinsichtlich der Zielvereinbarung keine gemeinsamen Veränderungsprozesse entwickeln kann.

Die Gruppe erlebt während des Seminars einen Teamentwicklungsprozess, weil sie zusammenarbeiten muss. Die Aufgaben können schließlich nur gemeinsam gelöst werden. Hat sich die Gruppe auf ein gemeinsames Ziel verständigt, so werden die Phasen ebenfalls durchlaufen, allerdings gemäßigter.

Wenn es sich um eine Multiplikatorenveranstaltung oder ein Seminar zur Ausbildung handelt, ist es wichtig, ebenso auf der Metaebene die Themen Organisation, Sicherheit, Aktion und Reflexion sowie Transfer zu besprechen, um die entsprechenden Aspekte für die professionelle Arbeit mit Gruppen zu vermitteln.

Nun stellt sich zum Trainingsabschluss die Frage, wie mit dem Transfer umgegangen werden soll. Aus didaktischer Sicht sollte das Thema »Transfer« beleuchtet werden, damit die zukünftigen Seminarleiter und Trainer ihre Veranstaltungen erfolgreich abschließen können.

Jeder Mensch ist heute in Teamsituationen eingebunden, sei es in Beruf, Studium, Ausbildung, Sport, Freizeit oder Ehrenamt. Insofern ist bei einer solchen Gruppenkonstellation ein individueller Transfer sinnvoll. Das bedeutet, die Teilnehmer reflektieren ihre Erfahrungen und beschreiben, wie sie diese in ihren Teamrealitäten umsetzen können und was sie verbessern oder verändern möchten. Zugleich machen sie Erfahrungen mit sich selbst als Teammitglied und können von diesen profitieren.

Dazu sind folgende Leitfragen hilfreich:

- Was habe ich in diesem Seminar über Teamarbeit gelernt?
- Wo bin ich in meiner gegenwärtigen Situation – privat und beruflich – in ein Team integriert?

- Wie kann ich mit den Erfahrungen aus diesem Seminar mein Verhalten oder meine Sichtweise verändern?

Im Anschluss an die Einzelarbeit werden die Ergebnisse kurz vorgestellt und anschließend Kleingruppen zu zwei oder drei Personen gebildet. In diesen Kleingruppen werden Zeitpläne und die positiven, messbaren Veränderungen besprochen, die der Einzelne durch die Umsetzung zu Hause erreichen möchte. Zusätzlich wird vereinbart, wann die Teilnehmer sich gegenseitig die Ergebnisse der Umsetzung mitteilen wollen, sodass auch hier die Nachhaltigkeit gewährleistet ist und Verbindlichkeit besteht.

Die Multiplikatoren des Seminars haben so einen doppelten Nutzen: Sie erhalten eine Weiterbildung und Methoden, um mit Gruppen effektiv zur Verbesserung der Teamarbeit zu arbeiten. Gleichzeitig steht der Aspekt der Selbstreflexion im Vordergrund, und es werden individuelle Verbesserungen oder Veränderungen im eigenen Leben angestrebt.

Liebe Leserinnen und Leser, hier endet nun der erste Teil. Wir hoffen, Sie haben Neues entdeckt und Bekanntes wiedergefunden. Unser Wunsch ist, dass wir Sie begeistern können, das Buch immer wieder zur Hand zu nehmen, und es ein Begleiter in Ihrer Trainingsarbeit wird.

Die Protagonisten sind vorgestellt, das Training ist geplant, jetzt kann es losgehen. Auch durch den zweiten Teil werden Sie von Sarah Mikkel und Herrn Gabriel geführt. Diesmal werden Ihnen parallel zur Rahmenhandlung die einzelnen Übungen und Aufgaben vorgestellt.

Lassen Sie sich überraschen! Seien Sie neugierig! Haben Sie Freude am Lesen!

Seil-Settings praktisch:
Team, Reflexion & Transfer

Vorbereitungen

>»Der Worte sind genug gewechselt,
>Lasst mich auch endlich Taten sehen!
>Indes ihr Komplimente drechselt,
>Kann etwas Nützliches geschehn.«

Herr Gabriel wartete bereits in der Lobby des Hotels, als Sarah Mikkel eintraf. Er war begeistert von der »Location«, wie er es nannte. Ein Hotel mit wunderbarer Atmosphäre, schönen Zimmern und einem Seminarraum mit Fensterfront direkt ins Grüne.

»Das haben Sie hervorragend ausgesucht«, empfing er sie.

»Vielen Dank. Seit ich dieses Hotel gefunden habe, mache ich die meisten Trainings hier. Es ist mitten in der Natur, und wir haben gute Möglichkeiten für alle Übungen.«

»Finden wirklich alle im Freien statt?«

»Ja, soweit es geht. Deswegen haben wir in der Einladung an die Teilnehmer auf wetterfeste Kleidung und feste Schuhe hingewiesen.«

»Und wenn es in Strömen regnet ...?«

»Dann können wir viele Übungen auch indoor machen. Das ist der Vorteil an diesem Hotel. Aber der Wetterbericht ist gut für die nächsten Tage.«

Sie gingen in den Seminarraum. Dort war vom Hotel bereits alles vorbereitet worden: Stuhlkreis, Flipcharts, Pinnwände, Moderationsmaterial und Getränke.

»Setzen wir uns. Ich werde Ihnen die Einstiegsübungen kurz erläutern. Später, zu Beginn des Seminars, bei der Vorstellung und Abfrage der Erwartungen, werden wir auch Ihre Rolle klären.«

»Das ist sehr wichtig. Ich habe nochmals mit meiner Geschäftsführung gesprochen, dass hier für die Teilnehmer Vertraulichkeit garantiert ist. Ich werde definitiv keine Informationen nach außen weitergeben.«

»Das Gleiche gilt natürlich für mich. Ich denke, es ist sinnvoll, dass Sie dabei sind. Als Beobachter können Sie dem Team für die internen Prozesse ein wertvolles Feedback geben.«

»Für den internen Beratungsprozess, der nach dem Training folgt, wird das ebenfalls sehr wichtig sein, dass wir das Training gemeinsam erlebt haben. Gut! Wie beginnen wir?«

»Sie können sich vorstellen, dass es eine große Anzahl von Übungen gibt. Die Kunst besteht darin, für die jeweilige Gruppe die passenden Aufgaben auszuwählen und diese in einer sinnvollen Reihenfolge zusammenzustellen. Auf jeden Fall werden unsere ersten Übungen eine Sequenz sein, in der sich Schwierigkeit und Komplexität langsam steigern. Da wir bereits vormittags beginnen, werden wir als Drittes bereits eine schwierigere Übungen machen.«

Herr Gabriel hatte Sarah Mikkel fasziniert zugehört und war begeistert von den vielen verschiedenen Aufgaben. Es gefiel ihm, dass es tatsächlich möglich ist, mit so einfachen Mitteln sehr unterschiedliche und komplexe Situationen abbilden zu können.

»Das begeistert mich. Vor allem wird dann sehr schnell klar, dass dies nicht irgendwelche Spielchen sind, sondern Aufgaben, die eine reale Situation im Team widerspiegeln.«

»Nach der dritten Aufgabe ist die Gruppe mitten im Thema und hat wirklich Grund, zu reflektieren. Ich denke, dass die Gruppe dann ein realistisches Abbild der Situation ihrer Zusammenarbeit hat und weiß, was verändert werden kann.«

»Gut, ich bin sehr neugierig. Wie heißen die Übungen, die Sie aus Ihrer Sammlung für uns ausgewählt haben?«

»Gratwanderung, Optimum und Ressourcenquadrat.«

»Klingt spannend, nur kann ich mir gar nichts darunter vorstellen.«

Sarah Mikkel lachte.

»Das wird sich bald ändern. Zentrales Element der drei Übungen ist, dass die Teilnehmer Schritt für Schritt in Kontakt, auch Körperkontakt, kommen. Dabei können sie Nähe und Distanz noch gut variieren und müssen ihre Lösungsstrategie darauf abstimmen.«

»Denke Sie daran, wir haben auch Frauen im Team …«

»Keine Sorge, es gibt zahlreiche verschiedene Lösungsmöglichkeiten. Ich erkläre Ihnen jetzt die Aufgabenstellung. Danach gehen wir gemeinsam in die Hotelhalle und begrüßen die Gruppe.«

»Ich bin gespannt …«

Gratwanderung

In Kürze

Charakteristik Gute Startaufgabe, aktiviert die Formingphase.
Zeit 20–30 Minuten.
Material Ein langes Seil.
Teilnehmeranzahl Ab acht, je nach Aufgabenstellung bis zu 30 Personen.
Sicherheitsaspekte Keine.

Beschreibung

Das Seil ist so ausgelegt, dass sich die Teilnehmer innerhalb des Seils nebeneinander in einer Reihe aufstellen können. Das Seil liegt so schmal, dass
Fußspitzen und Fersen das Seil gerade nicht berühren. Dies ist der Berggrat, zu dessen beiden Seiten es in die Tiefe geht. Nun soll sich die Gruppe
nach Vorgaben ordnen, ohne den Berggrat zu verlassen oder zu verändern.
Aufgaben können sein: Sortierung nach Geburtstag, im Alphabet nach den
eigenen Vornamen oder dem Vornamen der Mutter, Dauer der Zugehörigkeit
zum Unternehmen, zur Abteilung oder zum Team.

Settings und Varianten

- **Umgang mit Veränderungen** Die Gruppe hat die Aufgabe, sich nach dem Geburtstag zu ordnen: beginnend mit dem heutigen Tag links, gestern ist dann am Ende der Reihe ganz rechts. Nach einiger Zeit wird die Aufgabe geändert, und die Gruppe soll sich nach dem Alphabet sortieren, beginnend mit A ganz links in der Reihe. Dabei darf von Anfang an nicht gesprochen werden.
- **Kommunikation** Die Gruppe darf zunächst in der Reihe stehend eine Strategie planen, nach einer Vorbereitungszeit von ungefähr fünf bis 15 Minuten darf nicht mehr gesprochen werden.

Teamphasen

Für *Forming* und *Storming* gut einsetzbar. Im *Storming* bekommt die Gruppe nach einer Planungsphase im Seil die Option, ungefähr 15 Minuten außerhalb des Grates zu planen, so können die verschiedenen Meinungen besser gehört werden, und erste Informationen über den Übergang zum *Norming* werden erlebbar. Anschließend sind während der Durchführung alle stumm.

Auswertungsfragen nach der Durchführung

- Was waren Merkmale der Planung?
- Wie wurde kommuniziert? War diese Kommunikation erfolgreich?
- Gab es weitere Ideen?
- Wie wurde die Strategie festgelegt?

Transferthemen

- Rollen im Team.
- Kreativität in den Lösungen.
- Kommunikationsarten.
- Regelkonformität versus Schummeln.

Trainerinfo

Wichtig ist die Einhaltung der Regeln, insbesondere, dass das Seil nicht verändert wird. Als Einstiegsübung geht es in der Gruppe vor allem darum, Nähe und Distanz noch wahren zu können. Die Kunst besteht darin, den Raum innerhalb des Seils so schmal zu wählen, dass die Teilnehmer kooperieren müssen, um die Plätze zu tauschen. Da diese Übung meist am Anfang eines Trainings steht, sollte die Komfortzone hinsichtlich Nähe und Distanz berücksichtigt werden.

Optimum

Beschreibung

Die Gruppe plant, in einem möglichst kleinen Seilkreis zum Stehen zu kommen, wobei der Boden außerhalb des Kreises nicht berührt werden darf. Jeder Teilnehmer darf/muss auf einem Bein stehen.

Settings und Varianten

- **Ziele vereinbaren** Jeder soll mit einem Bein im Seilkreis stehen und diese Haltung zehn Sekunden aushalten. Zur Übung steht das Seil nicht zur Verfügung, sodass die Gruppe ohne Material plant und übt. Zur Präsentation ihrer Lösung wird das Seil von der Gruppe selbst final hingelegt. Weitere Änderungen sind dann nicht zulässig. Eventuell kann anschließend in einer weiteren Runde nachgebessert werden.
- **Kreativität** Alle sollen in einem Seilkreis Platz finden und dies zehn Sekunden aushalten. Dabei ist auf gesunde Lösungen zu achten, die Regel »auf einem Bein zu stehen« besteht nicht. Auch hier steht das Seil nicht zum Üben zur Verfügung.
- **Kontinuierlicher Verbesserungsprozess** Die Gruppe hat drei Versuche, und jeder soll besser sein als der vorherige. Dabei wird die Seillänge gemessen. Eine Probe mit Seil gibt es nicht.

Teamphasen

Die Aufgabe eignet sich für das *Forming* und *Norming*. Die Gruppe hat die Möglichkeit, auf individuelle Bedürfnisse einzugehen, zum Beispiel den persönlichen Mindestabstand zu respektieren. Gespräche über Nähe/Distanz, »ehrgeizige Ziele« versus »gut und einfach machbar«.

Auswertungsfragen nach der Durchführung

- Gab es Ideen zur Lösung, die nicht gehört oder erprobt wurden?
- Wie ist die Vereinbarung über das gemeinsame Vorgehen zustande gekommen?
- Gibt es weitere Verbesserungspotenziale?

Transferthemen

- Abstimmungsprozesse.
- Einbeziehung aller in den Prozess.
- Verbesserungen durch Kreativität.

Trainerinfo

Bei »ungesunden Lösungen«, wie zum Beispiel Aufeinanderlegen oder Auf-den-Rücken-Steigen, unbedingt unterbrechen. Stattdessen müssen »gesunde Lösungen« gefunden werden. Insbesondere wenn die Gruppe in der Optimierungsphase ist und zehn Sekunden verharren muss, kann das Gleichgewicht verloren gehen. Hier kann der Trainer durch »Spoten« (s. S. 51) verhindern, dass jemand im Eifer der Gefechts die Gruppe auseinander- oder umreißt.

Ressourcenquadrat

In Kürze

Charakteristik: Komplexe Aufgabenstellung, die eine klare Bestandsaufnahme von Teamprozessen und Rollen ermöglicht und aufzeigt, wo das Entwicklungspotenzial einer Gruppe liegt. Als Grundidee liegen der Aufgabe »Giftfluss« oder »Schokoladenfluss« zugrunde. Der optimale Einsatz von Ressourcen und die gemeinsame Kommunikation machen die Aufgabe komplex.

Zeit: 60–90 Minuten (auch länger).

Material: Ein langes Seil (etwa 40 m lang), Teppichfliesen (Anzahl etwa 50 Prozent der Teilnehmer, Größe DIN A3 oder 40 × 40 cm).

Teilnehmeranzahl: Ab zwölf Personen.

Sicherheitsaspekte: Keine.

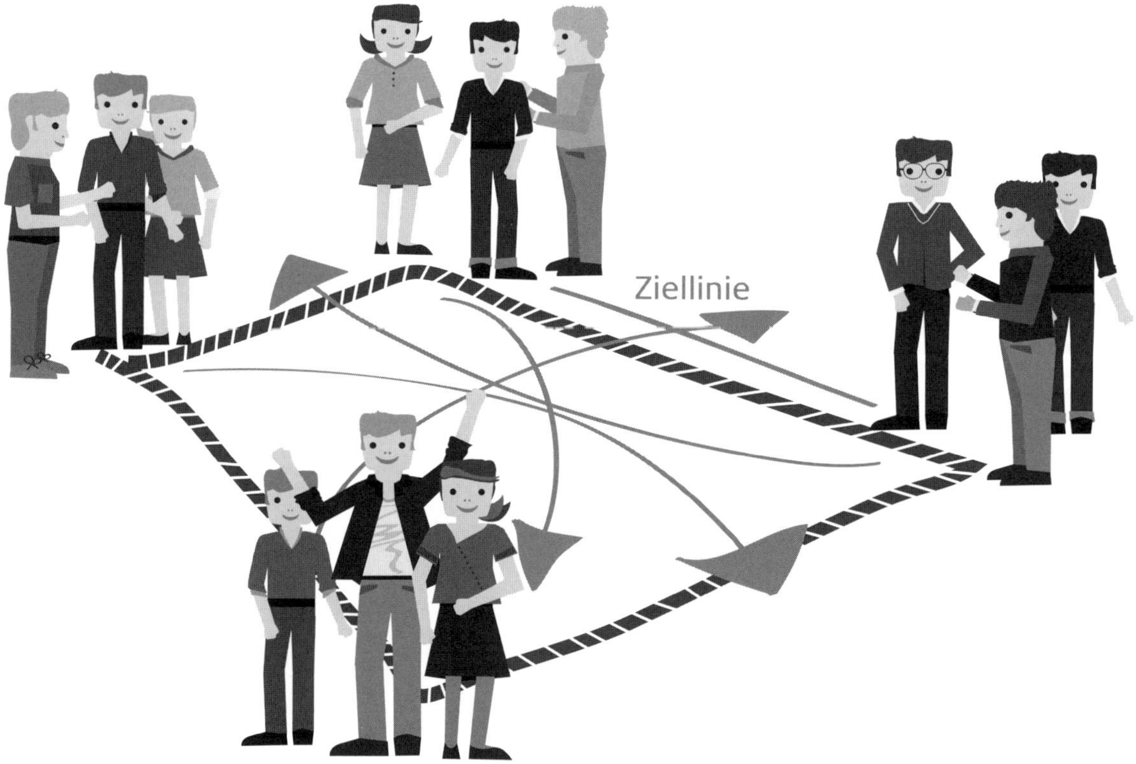

Ziellinie

Beschreibung

Das Seil wird als Quadrat auf den Boden gelegt. Gleiche Kantenlängen (gerne zehn Meter und mehr) sind wichtig. Dann wird die Gruppe in vier Teilgruppen aufgeteilt, und jede der Teilgruppen soll sich außerhalb des Quadrats an eine Ecke begeben. Das ist der Ausgangspunkt, von dem die Teilgruppen bei der Durchführung später starten müssen. Jetzt erst wird die Aufgabenstellung erklärt. Der Trainer steht in der Mitte des Quadrats und erklärt zunächst die *Regeln*. Diese lauten:

- Die gesamte Innenfläche des Quadrats ist »giftig« und darf nicht betreten werden.
- Fortbewegung und Aufenthalt innerhalb des Quadrats ist nur mithilfe der Teppichfliesen und auf den Teppichfliesen (die später ausgegeben werden) zulässig.
- Der Boden innerhalb des Quadrats darf nicht berührt werden.
- Wird in einer Gruppe ein Fehler gemacht (Bodenberührung innerhalb des Quadrats ohne Teppichfliese), bekommt eine der anderen Gruppen eine Fliese abgenommen.
- Fliesen dürfen nicht geworfen werden, und es darf nicht darauf stehend damit gerutscht werden.

Wenn es keine Fragen zu den Regeln gibt, wird die *Aufgabenstellung* erklärt:

- Jede Gruppe muss an ihrem Ausgangspunkt starten und das Quadrat durchqueren. Ziellinie ist die gegenüberliegende Gerade. (Diese wird für jede Gruppe definiert und gezeigt.)
- An welcher Stelle die Gegengerade als Ziellinie überschritten wird, steht frei.
- Aufenthalt und Fortbewegung innerhalb des Quadrats sind nur regelkonform gestattet.
- Die erste Person, gleich welcher Gruppe, darf die Ziellinie erst überschreiten, wenn sich die Mitglieder *aller* Gruppen regelkonform im Quadrat befinden *und* darin bis zum Ende der Übung bleiben. Das ist die wichtigste Information!
- Die Aufgabe ist *nur* gelöst, wenn alle Teammitglieder ihre Ziellinien erfolgreich überschritten haben.

Wenn es keine Fragen mehr gibt, werden jetzt vom Trainer die Teppichfliesen an die Gruppe verteilt. Dabei gilt als Berechnungsgrundlage: 50 Prozent der Teilnehmeranzahl = Zahl der Teppichfliesen; diese werden möglichst gleichmäßig für an vier Gruppen verteilt. Es kann sein, dass eine Fliese mehr ausgegeben wird, dann sollte der erste Regelverstoß sehr schnell und streng sanktioniert werden.

Settings und Varianten

- **Qualität** Jede Fliese muss zu jeder Zeit innerhalb der Aktionsfläche Kontakt zu einer Person haben, und alle Fliesen müssen wieder mit aus dem Feld gebracht werden. Bei einem Fehler verliert die entsprechende Gruppe eine Fliese.
- **Planung und Vereinbarungen treffen** Diejenigen, die sich bereits in der Aktionsfläche aufhalten, dürfen nicht sprechen, bis sie über ihre Ziellinie getreten sind.

Teamphasen

Die Aufgabe eignet sich, um eine Gruppe vom *Storming* ins *Norming* zu führen. Bleibt die Gruppe im *Storming*, ist die Aufgabe schwer oder wahrscheinlich nur mit Hilfestellung der Trainer lösbar. Löst die Gruppe die Aufgabe erfolgreich, wird klar, was für eine erfolgreiche Teamarbeit notwendig ist.

Auswertungsfragen nach der Durchführung

- Wie verlief die Zusammenarbeit innerhalb der Kleingruppen?
- Entstand die Idee, kooperieren zu können und zu müssen? Wie und wann ist diese Idee entstanden?
- Waren alle Teilnehmer in den Planungsprozess integriert?
- Haben zu Übungsbeginn *alle* Teilnehmer den Lösungsweg verstanden?
- Haben Einzelne die Aufgabe gelöst oder war es eine Teamleistung?
- Was veränderte sich, als einer anderen Gruppe eine Fliese abgenommen wurde? Wie wurde mit dem Thema Schadenfreude umgegangen?

Transferthemen

- Individualaufgabe versus Teamaufgabe.
- Knappe Ressourcen.
- Erfolg im Kleinteam versus Erfolg im Gesamtteam.
- Geben und Nehmen.
- Konkurrenz.
- Kooperation über Grenzen hinweg.

Trainerinfo

- Wichtigster Schritt für die Lösung der Aufgabe ist, dass die Gruppe sich außerhalb des Quadrats frei bewegen und kooperieren kann. Dies wird nicht(!) explizit gesagt, sondern ist durch die Regeln gegeben. Grundsätzlich ist zu beobachten, dass ein Team, das in Teilteams aufgeteilt und räumlich getrennt wird, in diesem Fall nur zehn Meter, sich zunächst als Kleinteam zu begreifen beginnt. Jedes Kleinteam wird versuchen, die Aufgabe allein zu lösen. Dabei wird objektiv erkannt, dass die Aufgabe mit den eigenen Fliesen (Ressourcen) nicht lösbar ist.
- Bei »ungesunden Lösungen«, wie zum Beispiel Aufeinanderlegen, Auf-den-Rücken-Steigen, den Prozess unterbrechen. Stattdessen müssen »gesunde Lösungen« gefunden werden.
- Wichtig ist, dass Regeln und Aufgabenstellung eindeutig kommuniziert worden sind. Das bedeutet nicht, dass sie von allen sofort und in der gleichen Weise verstanden worden sind.
- Zur Definition der Gegengerade empfiehlt es sich, diese auf einem Papier vorher zu markieren, um sie klar benennen zu können.
- Die Einhaltung der Regeln ist sehr wichtig, sonst verliert die Aufgabe ihr Potenzial. Das heißt, wirklich eine Fliese wegnehmen, wenn gegen die Regeln verstoßen wird.
- Sollte die Aufgabe durch die Anzahl der Fliesen nicht mehr durchführbar sein, kann (allerdings nicht sofort) ein Neustart vorgeschlagen werden.
- Je nach Gruppengröße kann auch von einem gleichseitigen Dreieck oder einem Sechseck ausgegangen werden. Bei großen Gruppen wird natürlich der Abstimmungsbedarf größer, und die Aufgabe dauert länger.

Buchstabenlegen

In Kürze

Charakteristik: Die Aufgabe ist ähnlich den »Seilkonstruktionen« (s. S. 106), jedoch einfacher, da das Bild der Buchstaben bekannt ist und nicht verhandelt werden muss.
Zeit: 30–45 Minuten, mit Planungszeit entsprechend mehr.
Material: Ein langes Seil pro Buchstabe, gleich lange oder verschieden lange Seile für je einen Buchstaben.
Teilnehmeranzahl: Ab drei Personen pro Buchstabe.
Sicherheitsaspekte: Keine.

Beschreibung

Alle Teilnehmer halten das Seil in den Händen fest, das sie *nicht loslassen* dürfen, an dem sie aber entlanggehen können, um ihre Position zu verändern. Nun haben sie die Aufgabe, aus der Gesamtlänge des Seils – ohne zu sprechen – einen Druckbuchstaben zu legen. Dabei empfehlen sich Buchstaben wie E oder T, die rechte Winkel haben. Die Aufgabe soll in einer bestimmten Zeit, die vom Trainer festgelegt wird, erfolgreich abgeschlossen sein.

Settings und Varianten

- **Planung und Koordination** Aus einem Seil den Buchstaben E oder T legen. Dabei hat die Gruppe eine stumme Planungsphase und anschließend eine Aktionsphase, in der alle mit verbundenen Augen agieren (und sprechen dürfen).
- **Kommunikation und Schnittstellen** Die Gruppe ist in Teilgruppen aufgeteilt und an unterschiedlichen Orten. Jede Teilgruppe hat einen Buchstaben aus dem Wort T-E-A-M, alle Buchstaben sollen auf einer Linie liegen und gleich groß sein. Nach einer Planungszeit (30–45 Minuten), in der sich Botschafter jeder Gruppe an einem gemeinsamen Treffpunkt abstimmen können, wird in der Aktionsphase das Wort auf einem gemeinsamen Spielfeld zusammengesetzt. Während der Aktionsphase haben die Teilnehmer die Augen verbunden. Dabei können die Teilnehmer entweder alle gleichzeitig mit verbundenen Augen agieren, oder die Gruppen arbeiten nacheinander.
- **Kooperation und Umgang mit Ressourcen** Die Teilgruppen bekommen unterschiedliche Seile, so sind nicht alle Buchstaben mit jedem Seil machbar. Um erfolgreich zu sein, müssen die Gruppen die Seile tauschen. In der Aufgabenbeschreibung werden der Treffpunkt der Botschafter, die Zeit, die sie zur Verfügung haben, und das Material, das sie mitnehmen dürfen, festgelegt.

Teamphasen

Die Aufgabe passt in das *Storming* und den Übergang zum *Norming*. Hier können Absprachen getroffen werden, durch die Regeln und die Überprüfbarkeit des Ergebnisses wird der Fokus zunächst auf die Qualität des Ergebnisses gelegt und nicht so sehr auf die Zusammenarbeit.

Auswertungsfragen nach der Durchführung

- Wie war die stumme Verständigung beziehungsweise die mit verbundenen Augen? Wie wurde mit Missverständnissen umgegangen?
- Welche Ideen wurden umgesetzt? Gab es noch andere Ideen?

- Wie ist die Zufriedenheit mit dem Ergebnis und mit der Teamarbeit?
- Was waren die wichtigsten Merkmale der Zusammenarbeit im Klein- und im Großteam?
- Wie erging es den Botschaftern? Was war ihre Verantwortung? Inwieweit hatten sie Einfluss auf die Ideen, die Umsetzung beziehungsweise die Durchführung?

Transferthemen

- Vereinbarungen treffen.
- Bedingungen für eine zufriedenstellende Lösung.
- Schnittstellen.
- Verantwortungsbereiche.

Trainerinfo

Es empfiehlt sich, die Aufgabenbeschreibung schriftlich zu formulieren, sodass alle Bedingungen und Zeiten von Trainerseite (das heißt durch den Kunden) fixiert sind und wieder genau so abgerufen werden können.

Night-Line

> **In Kürze**
>
> **Charakteristik:** Ausreichend Vorbereitungszeit notwendig, dann eine intensive Aufgabe, da die Augen über einen langen Zeitraum verbunden sind.
> **Zeit:** 30–40 Minuten.
> **Material:** Ein langes Seil, Wäscheklammern, Augenbinden.
> **Teilnehmeranzahl:** 3–30 Personen.
> **Sicherheitsaspekte:** Waldstück oder Tagungsgelände. Dabei ist darauf zu achten, dass andere Gäste nicht gestört werden und die Gruppe nicht direkt beobachtbar ist, damit sie sich nicht wie »auf dem Präsentierteller« fühlt.

Beschreibung

Diese Aufgabe findet idealerweise im Freien statt, ist aber mit einigen Modifikationen auch indoor machbar. Draußen wird ein Gelände mit Bäumen und Unterholz gesucht. Dort werden die Bäume durch ein Seil miteinander verbunden, sodass ein Parcours entsteht. Es sollten sich dabei auch Hindernisse und Engstellen ergeben. Jeder Einzelne wird vom Trainer mit verbundenen Augen an das Seil herangeführt und geht mit einer Hand am Seil entlang, dabei darf er nicht sprechen. Nun ist er auf sich allein gestellt. Er trifft auf Bäume, die er übersteigen muss, muss sich bücken und andere Hindernisse überwinden.

Settings und Varianten

- **Kommunikation** Die Gruppe steht mit verbundenen Augen an einem Ort etwas entfernt von dem Seil (je nach Gelände 20–30 Meter). Der erste Teilnehmer wird zum Parcours geführt und ruft von dort den nächsten Teilnehmer zu sich. Dieser startet allein aus der Gruppe und ruft, nachdem er den Seilparcours begangen hat, den Nächsten und so weiter.
- **Weitergabe von Informationen** An dem Seil sind Wäscheklammern befestigt. Die Gruppe soll diese einsammeln, und zwar von hinten begin-

nend. Dabei darf der erste Teilnehmer die gesamte Strecke erkunden. Alle anderen gehen nur bis zu ihrer Klammer und kehren dann zurück zur Gruppe.

- **Kooperation** Die Gruppe wird in zwei Kleingruppen aufgeteilt. Jede bekommt ein langes Seil. Beide haben die Aufgabe, einen Parcours zu spannen, der Herausforderungen bietet und mit verbundenen Augen begehbar ist. Anschließend tauschen die Gruppen die Plätze und begehen den Parcours der jeweils anderen Gruppe.

Teamphasen

Für *Forming* und *Norming* eine passende Aufgabe. Der Einzelne hat eine individuelle Aufgabe zu lösen. Hier können Planung und Vertrauen in sich selbst und in die Gruppe erlebt werden.

Auswertungsfragen nach der Durchführung

- Wie ging es dem Einzelnen mit der Lösung der persönlichen Aufgabe?
- Wie konnte der Einzelne die anderen im Team unterstützen?
- Was ist zu verbessern?

Transferthemen

- Kommunikation mit eingeschränkten Mitteln.
- Vertrauen in sich und andere.
- Unterstützung in schwierigen Situationen.

Trainerinfo

Das Gelände muss im Vorfeld gut angesehen werden, spitze Äste in Augenhöhe werden abgebrochen. Der Weg sollte herausfordernd, aber machbar (erfordert etwas Übung) sein. Diese Aufgabe braucht Vorbereitungszeit zur Geländeerkundung und zum Spannen des Seils. Wenn die Aufgabe drinnen durchgeführt wird, kann ein Parcours zwischen und unter Tischen hindurch, die Treppe hinauf und hinunter sowie über Stühle geführt werden. In der Grundform handelt es sich bei dieser Aufgabe um Selbsterfahrung. Reflexionen können auf die Gefühle abzielen, die diese neue Erfahrung hervorruft: allein sein, Unbekanntes bewältigen, auf Gewohntes (Sinne) verzichten.

Gordischer Knoten

In Kürze

Charakteristik: Keine Vorbereitung; guter Einstieg in die Themen Vertrauen, Kooperation und Kommunikation.
Zeit: 20–30 Minuten.
Material: Seil von ungefähr 10 m Länge, Augenbinden.
Teilnehmeranzahl: 5–30 Personen.
Sicherheitsaspekte: Keine.

Beschreibung

Alle Teilnehmer haben die Augen geschlossen, halten ihre Hände nebeneinander nach vorne und bekommen ein zum Kreis geknotetes Seil in beide Hände. Wichtig ist, dass den Teilnehmern das Seil nicht nacheinander, sondern kreuz und quer, aber jeweils in beide Hände gegeben wird. Alle öffnen die Augen. Ziel ist es, gemeinsam den jetzt entstandenen Knoten zu lösen, sodass ein Kreis aus dem Seil mit den Teilnehmern entsteht.

Dabei darf das Seil grundsätzlich nicht losgelassen werden. Die Teilnehmer dürfen jedoch am Seil entlanggehen.

Settings und Varianten

- **Kennenlernen** Alle lösen gemeinsam die Aufgabe und haben persönlichen Kontakt.
- **Verantwortung übernehmen** Nur eine Person, die außerhalb des Kreises geblieben ist, darf Anweisungen geben, alle anderen sind stumm.
- **Kommunikation** Alle haben die Augen dauerhaft verbunden, und nur eine Person darf sehend führen. Diese Person kann auch das Seil anfassen oder außerhalb stehen.
- **Abstimmungsprozesse** Mehrere Personen sind sehend, eine im Kreis und eine außerhalb. Eine Person ist das Sprachrohr, sodass sich die Sehenden abstimmen müssen. Alle anderen stehen mit verbundenen Augen am Seil.

Teamphasen

Die Aufgabe eignet sich gut zu Anfang des Trainings in der *Formingphase*. Hier zeigt sich, wer Initiative übernimmt, sich auf ungewohnte Situationen einstellen kann oder wie Führung und Umsetzung im Team erfolgen.

Auswertungsfragen nach der Durchführung

- Wie wurden Lösungen gefunden?
- Hat sich ein »Leader« durchgesetzt?
- Wurde die Führung akzeptiert und warum?

Transferthemen

- Vertrauen schaffen.
- Berührungsängste abbauen.
- Scheinbar Unmögliches miteinander schaffen.
- Aus Chaos wird Ordnung.

Trainerinfos

Die Aufgabe erfordert einen vorsichtigen Umgang miteinander und ein Gefühl, wie viel Nähe die Gruppe in dieser Phase verträgt. Sie kann durchaus auch als Abschlussübung eingesetzt werden. Wird ein kurzes Seil benutzt, ist die Nähe größer.

Erste Erlebnisse und Erfahrungen

»Wenn ihr's nicht fühlt, ihr werdet's nicht erjagen.«

Der Vormittag war sehr gut verlaufen. Die Gruppe reagierte mit Offenheit auf die Übungen. Zwar gab es anfangs durchaus Vorbehalte, aber der praktische Einstieg ins Training und die ersten Übungen lösten die Bedenken schnell auf. Wie erwartet, hatte die Übung Ressourcenquadrat die ersten Teamprozesse ausgelöst. Nach einer anfänglich ausgeprägten Konkurrenzsituation entwickelte sich in der Gruppe die Bereitschaft, Ressourcen auszutauschen, und schließlich erarbeiteten sie gemeinsam eine sehr gute Lösung. Im Anschluss gab es bei dem Reflexionsgespräch im Seminarraum eine hitzige Diskussion, die aber schließlich in ein konstruktives Gespräch mündete. Die Gruppe einigte sich auf konkrete Schritte und Maßnahmen für ihre Zusammenarbeit bei den folgenden Übungen.

Die Teilnehmer saßen noch beim Mittagessen, als Sarah Mikkel und Herr Gabriel sich im Seminarraum trafen.

»Da ging es ja ganz schön zur Sache vorhin«, sagte er.

»Ja, das stimmt, aber es ist normal bei diesen Übungen. Es zeigt, dass wir das richtige Setting für das Team gefunden haben, denn nur wenn es trifft, haben wir solche Ergebnisse.«

»Wie geht es jetzt weiter?«

»Nach der Pause brauchen wir etwas, was die Gruppe wieder in den Aktionsmodus bringt. Wir werden daher etwas Spielerisches machen. Das ist gut nach der Diskussion, gleichzeitig bleiben wir beim Thema, und die Gruppe kann umsetzen, was sie sich vorgenommen hat.«

»Welche Spiele haben Sie da auf Lager?«

»Übungen …«, sagte sie schmunzelnd. »Na ja, vielleicht ist es in diesem Fall auch ein bisschen ein Spiel. Team-Seilspringen und Zielfoto sind gute Möglichkeiten. Ich werde Ihnen beides kurz erklären, und dann entscheiden wir, was wir machen.«

Team-Seilspringen

In Kürze

Charakteristik: Diese Aufgabe aus Kindertagen weckt Erinnerungen und Gefühle (auch schlechte). Ein guter Einsteiger in ein Training auch symbolisch: der Sprung ins Training.
Zeit: 15–30 Minuten (je nach Lösungsweg).
Material: Ein langes Seil.
Teilnehmeranzahl: Ab acht Personen.
Sicherheitsaspekte: Ebene Fläche ohne Stolperfallen.

Beschreibung

Durch ein Seil, das von zwei Personen geschwungen wird, soll die Gruppe von der einen Seite auf die andere gelangen. Nachdem der Erste gestartet ist, muss bei jeder Umdrehung des Seils eine Person im Seil springen. Auch die beiden Personen am Seil müssen bei gleicher Regel durch das Seil. Wird das Seil berührt oder gibt es einen Umschlag ohne Person, beginnt die ganze Gruppe von vorn.

Settings und Varianten

- **Qualitätsmanagement** Die Gruppe hat drei Versuche und zwischendurch zeitlich festgelegte Beratungs- und Planungszeiten.
- **Potenziale nutzen** Die Gruppe hat den Auftrag, vor der Aktionszeit die Planung zu präsentieren. Dabei soll auf die Punkte Strategie, Umgang mit Misserfolgen und Veränderungen in der Strategie eingegangen werden. Je nach Gruppengröße dauert die Beratungszeit zehn bis 20 Minuten.

Teamphasen

Dies ist eine Aufgabe zum Kennenlernen der Arbeitsweise und für das *Forming*.

Auswertungsfragen nach der Durchführung

- Wie haben Sie sich organisiert?
- Was hat zum Erfolg geführt?
- Wie wurden alle am Prozess beteiligt?
- Wie wurde mit Fehlern umgegangen?

Transferthemen

- Beteiligung am Prozess.
- Abstimmung und Informationsweitergabe.
- Durchhaltevermögen.

Trainerinfo

Auch die Lösung, unter dem Arm der Seilschwingenden hindurchzuschlüpfen, ist erlaubt. Verrennt sich die Gruppe und macht immer wieder das Gleiche mit wenig Erfolg, so kann eine kurze Intervention mit einem Gespräch auf der Metaebene hilfreich sein.

Zielfoto

In Kürze

Charakteristik: Eine einfache Aufgabe, die bei hoher Qualität einen hohen Abstimmungsbedarf hat und Geduld erfordert.
Zeit: 20–40 Minuten (je nach Gruppengröße und Aufgabenstellung).
Material: Ein langes Seil.
Teilnehmeranzahl: 5–30 Personen.
Sicherheitsaspekte: Eine ebene Fläche wie Wiese, Parkplatz oder Seminarraum.

Beschreibung

Das Seil, am Boden liegend, stellt eine Ziellinie dar. Auf einem gedachten Zielfoto sollen alle gleichzeitig über das Seil springen oder einen Schritt über das Seil machen.

Settings und Varianten

- **Kontinuierlicher Verbesserungsprozess** Die Gruppe hat eine vorgegebenen Anzahl von Versuchen zur Verfügung und visualisiert die Maßnahmen zur Verbesserung (und/oder die Gruppe hat eine vorgegebene Gesamtzeit zur Verfügung).
- **Analysefähigkeit** Die Gruppe darf in den Planungsphasen miteinander reden und führt dann stumm durch.
- **Führung und Koordination** Eine Person aus der Gruppe moderiert und steuert den Prozess von außen, muss beim Durchlauf allerdings mitmachen.
- **Abstimmungsprozesse** Die Gruppe startet mehrere Meter vor dem Seil, macht also einige Schritte und dann den entscheidenden über das Seil. Besondere Herausforderung kann sein, einer oder mehreren Personen die Augen zu verbinden.

Teamphasen

Für *Forming* und *Storming* gut einsetzbar; persönliche Annäherungen sind möglich, erste Auseinandersetzungen und Diskussionen über Qualität und Durchhaltevermögen. Im Anschluss können Regeln für das gemeinsame Planen vereinbart werden.

Auswertungsfragen nach der Durchführung

- Wie kam die Organisation zustande?
- Was hat motiviert beziehungsweise demotiviert?
- Was war leicht oder schwer?
- Welche Anforderungen stellen Einzelne an die Qualität?

Transferthemen

- Abstimmung braucht Zeit und Geduld.
- Moderation und Führung.
- Motivation des Einzelnen für die Gruppe.
- Beteiligung aller am Prozess.
- Kreativität.

Trainerinfo

Nachdem sich die Aufgabenstellung sehr leicht anhört, braucht die Gruppe viel Durchhaltevermögen, um eine gute Qualität abzuliefern. Es kann durchaus sinnvoll sein, zum Schluss ein Beweisfoto zur Dokumentation der Qualität zu machen. Auch die Frage, ob alle der Meinung sind, dass die Aufgabe jetzt erledigt ist, kann eine Diskussion über unterschiedliche Ansprüche anregen.

Es wird ernst

»Und wenn Ihr Euch nur selbst vertraut,
Vertrauen Euch die andern Seelen.«

Die Gruppe kam aus der Mittagspause zurück, die Aktivierungsaufgabe versetzte sie in gute Laune, und gleichzeitig begann sie, Freude an der Lösung der Aufgaben zu entwickeln. Dann schickte Sarah Mikkel sie in Arbeitsgruppen los. Diese sollten aus den bisherigen Situationen, die sie erlebt hatten, drei besonders wichtige Aspekte formulieren. Weiterhin galt es, sich zu überlegen, für welchen dieser Aspekte sie persönlich die Verantwortung übernehmen möchten, sodass diese in den nachfolgenden Aufgaben auch umgesetzt würden.

»Damit bereiten wir bereits den Transfer vor und erhöhen den Qualitätsanspruch innerhalb der Gruppe, weil jeder individuell mehr Verantwortung für das Gelingen übernimmt.«

»Sehr raffiniert ...«, sagte Herr Gabriel schmunzelnd, »genau diese Bereitschaft zur Verantwortung hatte in der Vergangenheit gefehlt.«

»Wenn die Teilnehmer aus den Arbeitsgruppen zurückkommen, werden wir das auswerten und mit den schwierigen und komplexen Aufgabenstellungen beginnen. Wir haben eine große Auswahl mit unterschiedlicher Komplexität. ›Seilkonstruktionen‹ und ›Achterknoten‹ sind noch einfachere Übungen, aber bereits hier sind viel Innovation, kreatives Denken, Verantwortung und eine gute Moderation in der Gruppe notwendig. Das wird die Gruppe aus dem Storming herausführen, und sie hat die Gelegenheit, im Norming Fuß zu fassen. Ziel ist, dass sie durch diese Aufgaben einen Level erreicht, der eine kontinuierliche Qualität ermöglicht.«

»Das wäre ein großer Fortschritt«, sagte Herr Gabriel. »Die individuelle Verantwortung für den gemeinsamen Teamerfolg fehlte bisher. Jeder Einzelne im Team ist wirklich ein hervorragender Kollege, aber die Zusammenarbeit und vielleicht sogar der Wille dazu waren bisher einfach nicht ausreichend.«

»Sie können das mit einer Fußballmannschaft vergleichen. Natürlich kann man mit viel Geld die besten Spieler der Welt kaufen, aber sie müssen dennoch als Team arbeiten, füreinander laufen, und der Stürmer muss auch Verantwortung für die Abwehr übernehmen.«

»Das ist ein guter Vergleich. Spielen Sie eigentlich Fußball?«

»Nein, warum?«

»Weil Sie so oft Beispiele aus dem Sport und insbesondere dem Fußball heranziehen.«

»Der Sport ist eine faszinierende Möglichkeit, Prozesse zu beschreiben. Sowohl für die individuelle Leistung als auch innerhalb einer Mannschaft. Sport ist emotional, und so können die Bilder und Metaphern, mit denen ich arbeite, die Menschen erreichen.«

Herr Gabriel schwieg einen Moment. »Die Emotionen sind schon faszinierend, aber kann da der Schuss nicht auch nach hinten losgehen. Alle sind begeistert, aber am Ende wird nichts daraus?«

Sarah Mikkel nickte zustimmend. »Deswegen heißt das Prinzip ja ›Lernen mit Kopf, Herz und Hand‹. Durch Praxis und Emotion entsteht die Erfahrung, aber ohne Reflexion gibt es keine Veränderung.«

»Dann geht es jetzt wohl richtig los?«, fragte Herr Gabriel.

»Wahrscheinlich. Zunächst haben wir die Gruppe in Bewegung gebracht, sodass Veränderungen ermöglicht werden. Der nächste Schritt ist, die Gruppe durch das Storming zu führen und auf eine stabile Arbeitsebene zu bringen. Dazu machen wir die großen, komplexen Problemlösungsaufgaben.«

»Für mich ist das wirklich Neuland und selbst eine spannende Erfahrung.«

»Wir werden mit einer der leichteren Übungen aus diesem Bereich beginnen. Dann können wir sehen, wie die ›guten Vorsätze‹ umgesetzt werden, und kommen dann zu zwei komplexeren Übungen. Dann haben wir eine sehr gute Erfahrungsbasis für unsere Transfermoderation morgen Vormittag.«

»Bei unserem Vorgespräch haben Sie mir von der Übung ›Kleiner Zaun‹ erzählt, das hat mir gut gefallen. Ist diese Übung jetzt geeignet?«

»Ja, damit können wir beginnen. Aber zunächst machen wir die Auswertung. Wir geben jedem Teilnehmer nochmals Moderationskarten. Alle schreiben ihren persönlichen Aspekt auf, für den sie bei den nächsten Übungen die Verantwortung übernehmen wollen. In der Auswertung können wir dann abfragen, ob und wie sie es geschafft haben, das zu integrieren.«

»Ich bin sehr gespannt, welche Themen jetzt kommen. Ich kann mir vorstellen, dass manche Bereiche auch außen vor bleiben, weil sie es im Arbeitsalltag ebenfalls noch nicht umgesetzt haben.«

»Das ist möglich. Wir werden sicher konkurrierende Themen haben, wie zum Beispiel Qualität und Zeitmanagement. Lassen wir uns überraschen. Jetzt werden wir den Nachmittag und frühen Abend mit mehreren Übungen und Aufgaben verbringen. Ein Höhepunkt wird sicher die Aufgabe ›Spinnennetz‹ sein, denn da habe ich mir ein besonderes Setting überlegt. Außerdem bietet sich noch eine Reihe anderer Übungen an.«

Kleiner Zaun

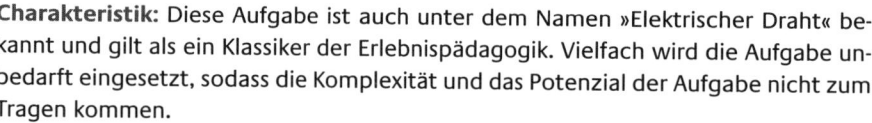

In Kürze

Charakteristik: Diese Aufgabe ist auch unter dem Namen »Elektrischer Draht« bekannt und gilt als ein Klassiker der Erlebnispädagogik. Vielfach wird die Aufgabe unbedarft eingesetzt, sodass die Komplexität und das Potenzial der Aufgabe nicht zum Tragen kommen.

Zeit: 45–90 Minuten (je nach Gruppengröße, Lösungsweg und Aufgabenstellung).

Material: Ein langes Seil, das zwischen zwei Bäumen gespannt wird, dabei soll der größte Teilnehmer nur auf Zehenspitzen hinübersteigen können.

Teilnehmeranzahl: 6–12 Personen.

Sicherheitsaspekte: Ebener Boden ohne Stolperfallen, auch in Kopfhöhe genug Freiheit.

Beschreibung

Zwischen zwei Bäumen oder Fixpunkten ist ein Seil auf Hüfthöhe gespannt. Die Gruppe steht, Hand in Hand als Schlange verbunden, auf einer Seite des Seils und soll über das Seil auf die andere Seite gelangen. Das Seil und die Befestigungen (Bäume) dürfen nicht berührt werden, gleichermaßen darf die Kette nicht unterbrochen werden. Bei einem Fehler startet die Gruppe neu. Hilfsmittel wie Kisten, Holzklötze oder Ähnliches sind nicht erlaubt.

Settings und Varianten

- **Projektmanagement** Die Gruppe hat zunächst eine Vorbereitungszeit von 30 Minuten, in der geübt werden darf. Auch die Reihenfolge innerhalb der Kette gehört zur Vorbereitung. Anschließend präsentiert die Gruppe ihren Lösungs- und Durchführungsweg vor dem Trainer (Kunden). Die Gruppe bestimmt selbst den Beginn der Aktionsphase. Die Mitglieder fassen sich an den Händen und starten. Hier kann beobachtet werden, wie die Organisationsstruktur des Teams ist und wie Rollen verteilt sind.

- **Qualitätsmanagement** Wie beim Spinnennetz (s.S. 113) kann das Qualitätsmanagement der Gruppe als zusätzliche Aufgabe gestellt werden. Sollte die Qualität sehr abnehmen, kann der Prozess vom Trainer unterbrochen werden, und er agiert als Kunde, fragt nach Qualitätskriterien und nach Verantwortlichkeiten für die Einhaltung.
- **Potenziale** Je nachdem, ob es durch die Aufgabenstellung erlaubt ist oder nicht, unter dem Seil hindurchzufassen oder ein Bein darunter aufzustellen, ergeben sich andere Lösungen und Notwendigkeiten für die Gruppe.

Teamphasen

Diese Aufgabe eignet sich für das *Norming* und *Performing*. Während im *Norming* noch Regeln vorgegeben werden und die Einhaltung kontrolliert wird, kann im *Performing* diese Aufgabe dem Team übergeben werden. Je weiter der Teamprozess entwickelt ist, umso enger können die Regeln sein.

Auswertungsfragen nach der Durchführung

- Wann war das Teamgefühl am stärksten?
- Wie ist es zu der Strategie gekommen?
- Wann war die Beteiligung am größten?
- Wurden Bedenken berücksichtigt?

Transferthemen

- Unser Qualitätsanspruch.
- Aktiv und passiv im Team.
- Umgang mit Fehlern.
- Was hat uns motiviert?
- Nur gemeinsam ist es möglich.

Trainerinfo

Diese Aufgabe erfordert Aufmerksamkeit zur Einhaltung der Sicherheit. Ob das Seil berührt wurde oder nicht, braucht Fingerspitzengefühl. Dabei ist zur Erhaltung der Ernsthaftigkeit die Einhaltung der Regeln sehr wichtig. Zwar kann man auch einmal einen strittigen Fehler durchgehen lassen, doch beim zweiten sollte dann der Neustart folgen.

Seilknoten

In Kürze

Charakteristik: Eine einfache Aufgabe, die es in sich hat.
Zeit: 20–40 Minuten.
Material: Ein langes Seil und ein kurzes Seil mit vorbereitetem Achterknoten oder Sackstich.
Teilnehmeranzahl: 3–12 Personen.
Sicherheitsaspekte: Keine.

Beschreibung

In ein langes Seil ist ein vorgegebener Knoten zu legen. Das Seil muss von den Teilnehmern immer mit beiden Händen gehalten und darf nicht losgelassen werden. Allerdings können die Teilnehmer ihre Position verändern, indem sie an dem Seil entlanggehen. Die Teilnehmer dürfen ihre Positionen nicht tauschen, »Fingerspiele« sind nicht erlaubt. Zur Ansicht ist in einem anderen, kurzen Seil der entsprechende Knoten, zum Beispiel Achterknoten oder Sackstich, bereits gelegt, dieses Seil darf nicht berührt werden.

Achterknoten

Sackstich

Settings und Varianten

- **Kontinuierlicher Verbesserungsprozess** Die Gruppe hat die zusätzliche Vorgabe, den Knoten in der Mitte des langen Seils zu legen, und die Position, zwischen welchen Personen der Knoten sein soll, ist festgelegt. So wird die Gruppe vor eine komplexere Anforderung gestellt, die nur gemeinsam zu lösen ist.
- **Mit Beschränkungen umgehen** Das Seil, mit dem die Teilnehmer arbeiten, ist an einer Seite an einem Baum oder Tisch befestigt. Die Aufgabe ist nun, in das verbliebene Seil den vorgegebenen Knoten zu legen, und alle Teilnehmer sollen vor dem Knoten platziert sein. Als weitere Steigerung kann auch dieser Knoten in der Mitte des verbliebenen Seils gefordert sein.
- **Integration aller** In das Seil sollen zwei verschiedene Knoten gelegt werden. Die Position, zwischen welchen Teilnehmern die Knoten sein sollen, ist vorgegeben. Als Steigerung können einzelnen Personen die Augen verbunden werden, sodass Teilnehmer auch verbal in die Aufgabe und ihre Lösung mit einbezogen werden müssen.
- **Qualitätsmanagement** Bei jedem Loslassen des Seils bekommt eine Person eine Augenbinde.

Teamphasen

Für die verschiedenen Teamphasen sind gestaffelte Aufgabenstellungen möglich:

- **Forming** Es soll ein Knoten in der Mitte des Seil gelegt werden. Ein Teil der Gruppe könnte passiv sein, sich herausnehmen und sich langweilen. Allerdings bleibt so auch die Freiheit, sich den Prozess von außen zu betrachten und selbst zu entscheiden, wann man aktiv ist.
- **Storming** Es sollen zwei verschiedene Knoten gelegt werden, die Positionen sind vorgegeben. Hier sind die Personen in der Mitte von zwei Seiten gefordert.
- **Norming** Es wird eine Zeit vorgegeben, in der das Projekt beendet sein soll. Eine gute Koordination und Moderation sind nötig.
- **Performing** Das Seil wird an einem Baum befestigt, und jetzt soll zwischen alle Teilnehmer je ein Knoten gelegt werden. Es muss oft das Gleiche gemacht werden, so gibt es einen Lerneffekt, der reproduzierbar ist.

Auswertungsfragen nach der Durchführung

- Was waren die Herausforderungen bei der Aufgabe?
- Wann war die Motivation am größten?
- Wie ist die Strategie entstanden?
- Wie wurde die Führung geklärt?

Transferthemen

- Abstimmungen im Team.
- Beteiligt sein, aber nicht aktiv.
- Verschiedene Rollen einnehmen.

Trainerinfo

Die Aufgabe führt durch die Regel »Alle bleiben mit beiden Händen am Seil« zu Ungeduld. Im Zweifel kann der Prozess unterbrochen werden, und alle können danach befragt werden, ob sie der Meinung sind, dass die Regeln noch eingehalten werden. Je komplexer die Aufgabe wird und je mehr Personen an der Lösung oder Umsetzung beteiligt sind, umso eher bleibt die Motivation der Gruppe erhalten.

Seilkonstruktionen und Seilbilder

In Kürze

Charakteristik: Varianten dieser Übung werden auch »Hexenhaus«, »Stern«, »Blinder Mathematiker« oder »Blindes Seilquadrat« genannt. All diese Aufgaben haben zum Prinzip, dass mithilfe eines Seils ein Gebilde gelegt wird, das bestimmten Anforderungen entspricht. Dabei kann es eine genaue Vorlage geben oder nur eine Umschreibung wie »Briefumschlag«, woraufhin sich die Gruppe über das Aussehen des Produkts zunächst verständigen muss.

Zeit: 15–45 Minuten (je nach Gruppengröße und Aufgabenstellung).

Material: Ein oder mehrere lange Seile, je nach Aufgabe und Gruppengröße, eventuell Zeltnägel, Maßband.

Teilnehmeranzahl: Vier bis mehr als 25 Personen, je nach Aufgabenstellung.

Sicherheitsaspekte: Keine.

Beschreibung

Die Gruppe bekommt ein Seil in die Hand, das jeder mit beiden Händen halten muss und nicht loslassen darf. Es ist gestattet, sich wie bei der Übung »Seilknoten« entlang dem Seil zu bewegen, aber nicht die Position zu tauschen. Anschließend wird folgende Aufgabe gestellt: Legen Sie aus der Gesamtlänge des Seils ein Haus, einen Briefumschlag oder einen Stern mit fünf Ecken, sodass jede Linie nur einfach gelegt ist. Dabei soll an jeder Ecke eine Person stehen. Während der Durchführungsphase sind alle stumm oder haben verbundene Augen.

Settings und Varianten

- **Umgang mit beschränkten Ressourcen** Nachdem die Gruppe das Seil in den Händen hält und die Regeln verkündet sind, wird das Ziel, die konkrete Seilfigur, benannt, und die Gruppe arbeitet sofort, ohne zu sprechen.
- **Kommunikation** Nach einer Planungszeit von etwa 30 Minuten ohne Hilfsmittel wie Schreibzeug oder Seil startet die Gruppe und darf nicht mehr miteinander sprechen.
- **Schnittstellen optimieren** Für diesen Themenbereich kann die Aufgabe noch komplexer werden. Die Gesamtgruppe wird in mehrere Kleinteams geteilt. Jedes Kleinteam hat den Auftrag, eine Seilkonstruktion (beispielsweise ein Quadrat) zu legen, dazu arbeitet sie an einem eigenen Arbeitsplatz (mit oder ohne Material). Um ein vorgegebenes Gesamtbild zu erhalten, zum Beispiel ein großes Quadrat zu bilden, kann aus jedem Kleinteam ein Botschafter an einem »Meetingpoint« mit den Botschaftern der anderen Gruppen kommunizieren. Vor der Aktionszeit, in der die Seilgebilde gebaut werden, können am Meetingpoint den Trainern in einer kurzen Präsentation die Strategie, die zeitliche Abfolge und das Notfallmanagement beschrieben werden. Des Weiteren kann eine gemeinsame Marketingstrategie mit Slogan und Werbepräsentation gefordert werden. So werden auch kreative Anteile gefördert und die zu koordinierenden Aufgaben komplexer.
- **Qualitätsmanagement und Strategie** Nach einer Planungszeit wird jedem Teilnehmer ein fester Platz am Seil zugewiesen, den er nicht mehr verlassen darf. Als Variante ist es auch möglich, jeden, der seinen Platz verlässt, eine Augenbinde tragen zu lassen.
- **Flexibilität und Umgang mit Veränderungen** Zunächst gibt es die Aufgabe, ein Seilgebilde zu legen (beispielsweise einen Briefumschlag), nach einiger Zeit ändert sich der Auftrag durch den Trainer (Kunden), und ein

neues Gebilde (zum Beispiel ein Pentagramm) wird gefordert. Diese Aufgabe kann mit offenen oder verbundenen Augen durchgeführt werden.

- **Qualität** Das Seil muss abschließend auf dem Boden abgelegt werden und wird dort mit Zeltnägeln befestigt, oder die Ecken werden mit Wäscheklammern markiert. Zur Kontrolle werden die Abstände mit einem Maßband nachgemessen.

Teamphasen

Als Aufgabe, bei der nicht gesprochen werden darf, ist sie gut für das *Norming* nutzbar. Weitere Varianten gibt es für das *Performing*, indem die Kommunikationsformen in der Durchführungsphase immer mehr beschränkt werden. Eine »High-Performance«-Gruppe lässt man die Aufgabe planen, dann erfolgt die Durchführung mit verbundenen Augen und ohne zu sprechen.

Auswertungsfragen nach der Durchführung

- Welche Bilder vom Ergebnis gab es?
- Wie wurden die Aufgaben verteilt?
- Wie wurde mit Bedenken umgegangen?
- Wie war das Verhältnis zwischen Vorbereitung und Durchführung?
- In der Arbeit mit Kleinteams: Wodurch zeichnete sich die Teamarbeit im Kleinteam aus? Wodurch die im Gesamtteam?
- Wie gestaltete sich der Informationsfluss mit den anderen Gruppen?

Transferthemen

- Moderation und Führung.
- Alle Ansichten in den Prozess integrieren.
- Schnittstellen und Kooperation.
- Kommunikation in unterschiedlichen Konstellationen.
- Einsatz von Botschaftern, ihre Aufgaben, ihre Verantwortungsbereiche.

Trainerinfo

Die Regeln zu dieser Aufgabe müssen vorab gut überlegt sein. Ein anschlie-
ßendes Nachsteuern mit Regeln oder Einschränkungen ist schwierig und
vermindert die Akzeptanz für die Aufgabe. Auch gilt es zu überlegen, wie
mit einem Scheitern umgegangen werden soll: Gibt es einen Neustart? Oder
nur einen Versuch? In der Funktion als Kunde oder Auftraggeber können
vonseiten des Trainers im Prozess Fragen gestellt werden, zum Beispiel nach
der Qualität, der Einbeziehung aller und den »Fertigungszeiten«. Zur Überprüfung der Qualität kann das Gebilde mit dem Maßband ausgemessen werden.

Eckenstrategie

In Kürze

Charakteristik: Diese Aufgabe ist auch unter dem Namen: »Fünfeck« oder »Sechseck« bekannt. Sie ist eine Teamaufgabe, in der zwei Teams das gleiche Ziel haben und in Konkurrenz zueinander treten.
Zeit: 30–45 Minuten.
Material: Lange Seile, so viele wie Teams.
Teilnehmeranzahl: 6–10 Personen oder mehr, mit Beobachterrollen (vorbereitete Fragen).
Sicherheitsaspekte: Keine.

Beschreibung

Die Gruppe wird in zwei oder mehrere gleich große Teams aufgeteilt. Alle Teams arbeiten in räumlicher Nähe. Jede Gruppe bekommt ein Seil und zu Beginn getrennt voneinander folgende Aufgabe vorgelesen:

»Legen Sie mit der Gesamtlänge des Seils ein gleichseitiges x-Eck. (x = Anzahl der Gruppenmitglieder + 1). Die Ecke, in der die beiden Seilenden zusammenkommen, soll mit der Spitze in Richtung Süden zeigen, und dann stellen Sie an *jede* Ecke des x-Ecks eine Person. Sie können vorab planen. Wenn Sie mit der Durchführung der Aufgabe beginnen, geben Sie dem Trainer ein Zeichen.
Haben Sie die Aufgabe verstanden? Dann dürfen Sie ab sofort nicht mehr sprechen, und es geht jetzt los.«

Settings und Varianten

- **Kooperation** Jedes der Kleinteams hat eine vorher definierte Ecke im Raum als Aktionsfeld. Die Durchführung erfolgt nacheinander, allerdings müssen die Gruppen untereinander – ohne zu sprechen – die Reihenfolge koordinieren. Zur Regeleinhaltung ist es sinnvoll, wenn sich bei jeder Gruppe ein Trainer befindet.

Teamphasen

Die Aufgabe ist sowohl für das *Storming,* das *Norming* als auch für das *Performing* geeignet. Je nach Teamphase werden unterschiedliche Prozesse ablaufen. Kern der Aufgabenstellung sind die künstliche Konkurrenzsituation und der Schritt in die Kooperation und gegenseitige Unterstützung.

Auswertungsfragen nach der Durchführung

- Wie sind Sie mit Ihren Zweifeln umgegangen?
- Wie konnten Sie Hilfe anfordern?
- Wie haben Sie Hilfe angeboten?
- Wann kam der Gedanke, dass die Aufgabe allein nicht lösbar ist, und was passierte dann?
- Wie wurden Lösungen kommuniziert und ausprobiert?
- Wie haben die Gruppen Informationen ausgetauscht?

Transferthemen

- Kooperation versus Konkurrenz.
- Kommunikation.
- Planungskompetenz.
- Qualitätsanspruch.

Trainerinfo

Sollte die Aufgabe nicht gelöst werden oder die Besonderheit nicht verstanden werden, lesen Sie die Aufgabe noch einmal vor, und betonen Sie: »An *jeder* Ecke soll eine Person stehen.«

Die Lösung liegt entweder darin, dass sich beide Seilkonstrukte so nah beieinander befinden, dass die Personen, bei denen die Seile parallel laufen je eine andere Ecke mit abdecken, oder die Konstruktionen werden nacheinander gelegt, oder die Trainer übernehmen eine Ecke.

Spinnennetz

Beschreibung

Zwischen zwei Fixpunkten wird aus Seilen ein Netz gespannt. Die Öffnungen des Netzes sollten unterschiedliche Größen und Formen haben und nicht symmetrisch sein. Das Netz hat mindestens 30 cm und maximal 50 cm Abstand vom Boden. Die obere Begrenzung des Netzes sollte zwischen 170 und 200 cm liegen. Die Gruppe steht auf der einen Seite des Netzes. Die Aufgabe besteht darin, dass die gesamte Gruppe auf die andere Seite des Netzes gelangen muss. Einziger Weg für jeden Teilnehmer ist durch das Netz. Es darf nicht zwischen den Seiten gewechselt werden, und wer die andere Seite erreicht hat, muss auf dieser Seite bleiben. Hilfestellung ist auf beiden Seiten zulässig. Jede Öffnung im Netz darf nur von einer Person benutzt werden. Das Seil und die Befestigungen (Baum) dürfen nicht berührt werden. Erfolgt eine Berührung durch irgendeinen Teilnehmer, gibt es einen Neuanfang: Entweder muss die gesamte Gruppe neu beginnen oder der letzte Teilnehmer, der durch das Netz gekommen ist.

Einen besonderen Reiz bekommt die Übung, wenn die Person die aktuell durch eine Netzöffnung gehoben wird, die Augen verbunden hat.

Settings und Varianten

- **Kundenorientierung** Die Gruppe wird in zwei Teilgruppen aufgeteilt (mindestens je acht Personen). Jede Gruppe baut selbst ein Spinnennetz für die jeweils andere Gruppe. Das bedeutet: Die Gruppe wird später die Aufgabenstellung an dem Netz der anderen Gruppe, das für sie gebaut wurde, durchführen. Bei der Durchführung wird jeweils abwechselnd an beiden Netzen gearbeitet. Die Durchführung erfolgt nicht gleichzeitig. Berührt bei der Durchführung ein Mitglied der Gruppe 1 das Netz, muss die Person von Gruppe 2, die als Letzte durch das Netz ist, wiederholen. Die beiden Gruppen dürfen sich gegenseitig helfen, aber ihre jeweiligen Netzseiten nicht verlassen (Beispiel: Ein Mitglied der Gruppe 1 auf der Startseite darf nicht zur Gruppe 2, dort helfen und dann zur Startseite zurückkehren). Im Idealfall stehen die beiden Netze in einem 90-Grad-Winkel zueinander, haben also einen gemeinsamen Fixpunkt. Dadurch entsteht ein Zielraum. Dies erhöht den Anspruch, da die Berührungs-wahrscheinlichkeit steigt und gleichzeitig ein gemeinsamer Erfolg am Ende steht. In der Bauphase haben die Trainer das Recht, kontrollierend einzugreifen, damit Veränderungen in der Bauweise (Höhe des Netzes, Art, Größe oder Anzahl der Öffnungen) durchgeführt werden. Dies hat den Sinn, dass wirklich anspruchsvolle und ansprechende Spinnennetze entstehen.

- **Qualitätsmanagement** Je nachdem, welches Lernziel sich die Gruppe zu diesem Thema setzt, erfolgt das Qualitätsmanagement extern (Trainer) oder intern (Teilnehmer). Das interne Qualitätsmanagement (also die Einhaltung der Regeln und das Sanktionieren von Fehlern) ist besonders interessant, weil hier zusätzlich Gruppendynamik und Druck entstehen. Wichtig dafür ist, dass das Spinnennetz machbar, aber anspruchsvoll gebaut ist. Auch wenn es selbst uns Trainern manchmal schwierig erscheint: Eine Durchführung mit keiner einzigen Berührung ist möglich! Die Aufgabenstellung kann vorsehen, dass beim internen Qualitätsmanagement eine Person wiederholen muss, sobald das externe Qualitätsmanagement nachsteuern muss, beginnt die Aufgabe von vorn.

- **Prozessabwicklung** Die Gruppe bekommt die Aufgabenstellung erklärt und dann eine beschränkte Planungszeit (je nach Gruppengröße und Leistungsfähigkeit zehn bis 20 Minuten). Danach soll die Aufgabe fehler-los durchgeführt werden, aber es darf nicht mehr gesprochen werden. Nach der zweiten Netzberührung erhält die Gruppe eine neue Planungs-zeit von fünf Minuten, um die Strategie zu modifizieren oder eine kurze Fehleranalyse zu betreiben. Diese zweite kurze Planungszeit wird in der Anmoderation nicht erwähnt, da die Gruppe sonst diese beiden »Fehler« (Netzberührungen) einplant. Ab dann gibt es keine weitere Planungszeit mehr.

- **Potenziale nutzen** Das Spinnennetz hat eine deutlich geringere Anzahl an Öffnungen (ungefähr 30 Prozent weniger) als Personen. Nun muss die Gruppe planen, wer welche Öffnung benutzt. Dies muss vor der Durch-führung festgelegt werden und kann dann nicht mehr verändert werden. Die erste und die letzte Öffnung dürfen nur je einmal benutzt werden. Auch können den Öffnungen Werte zugeordnet werden, sodass die Grup-pe durch Planung und geschickte Nutzung der individuellen Fähigkeiten ein Ergebnis erzielen kann. Die Punktzahl ist nun das Ziel. In diesem Fall ist sehr auf Sicherheit zu achten, denn zusätzlicher Ehrgeiz kann zum

Risiko werden. Berührt eine Person das Netz bei der Durchführung, gibt es verschiedene Möglichkeiten: Es wird neu begonnen (individuell oder alle), die Öffnung verliert ihren Wert (also auch für alle nachfolgenden Nutzer), der Wert wird geringer, oder die Öffnung darf nach der Berührung nicht mehr verwendet werden (in diesem Fall muss die Gruppe eine neue Strategie planen).

Teamphasen

Die ideale Aufgabe für *Norming* und vor allem *Performing*. Das Potenzial der Übung kommt dort wirklich zum Tragen, wenn die Gruppe einen guten Standard als Team erreicht und einen hohen Leistungsanspruch entwickelt hat. Sehr gut geeignet für eine Gruppe, die ein stabiles *Norming* erreicht hat und herausfinden möchte, was für sie notwendig ist, um auf die *Performing-ebene* zu kommen.

Auswertungsfragen nach der Durchführung

- Wann war das Teamgefühl am stärksten?
- Wie ist es zu der Strategie gekommen?
- Wann war die Beteiligung am größten?
- Wie ist die Entscheidung gefallen, wer durch welche Öffnung geht?
- Wurden Bedenken berücksichtigt?

Transferthemen

- Allein ist die Aufgabe nicht durchführbar.
- Qualität: unser Anspruch und die Wirklichkeit.
- Vertrauen im Team.
- Aktiv und passiv im Team.
- Vertrauen in das Team und Abhängigkeit erleben.

Trainerinfo

Diese Aufgabe erfordert eine hohe Aufmerksamkeit und Konzentration zur Einhaltung der Sicherheit. Bezüglich der Frage »Ist das Netz berührt worden, oder war es der Wind ...?« sind Klarheit und Fingerspitzengefühl gefragt. Allerdings sollte die Aufgabe in dieser Hinsicht konsequent durchgeführt werden und auf die Einhaltung der Regeln bestanden werden. Insofern ist eine ordentliche Vorbereitung des Spinnennetzes während des Aufbaus sehr wichtig. Die Qualität des Netzes entscheidet über die qualitative Durchführung der Übung und damit den Gehalt der Erfahrungen für den Transfer.

Kalkulator

Beschreibung

In einem Seilkreis am Boden sind nummerierte Bierdeckel oder Moderationskarten mit den Zahlen 0 bis 40 willkürlich verteilt (es können auch Zahlen herausgenommen werden!). Dieser Seilkreis darf immer nur von einer Person betreten werden. Die Aufgabe ist, die Zahlen in aufsteigender Reihenfolge abzuschlagen (nicht umzudrehen), wie beim Fangenspielen. Die Gruppe startet an einem Punkt etwa 20 bis 30 Meter entfernt. Idealerweise ist vom Startpunkt, der mit einer Linie am Boden markiert ist, der Seilkreis nicht oder nur eingeschränkt zu sehen. Die Gruppe hat 40 Minuten Zeit und maximal fünf Versuche, um die Zeit zur Lösung der Aufgabe zu optimieren: Startpunkt – alle Zahlen abschlagen – zurück. Die Zeit läuft, wenn eine Person die Start-Ziel-Linie überschreitet, und endet, wenn die letzte Person wieder zurück ist.

Settings und Varianten

- **Einbeziehung aller** Die Zusatzaufgabe ist, jedem einen Segmentbereich im Seilkreis zuzuordnen, für den er verantwortlich ist, oder jeder muss einmal im Seilkreis gewesen sein.

- **Flexibilität, schnelle Anpassung an Marktbedingungen** Zwischen den Versuchen werden Zahlenkärtchen umgelegt oder herausgenommen, beziehungsweise Karten, die draußen waren, werden hinzugefügt. (Thema ankündigen!)
- **Kommunikation und Abstimmung** Sobald einer im Seilkreis ist, darf nicht mehr gesprochen werden.
- **Qualität** Die Gesamtzeit ist begrenzt, oder es werden alle Zahlen mit 7 oder die, die durch 7 teilbar sind, abgeschlagen.

Teamphasen

Übergang vom *Storming* zum *Norming*. Gut geeignet als Abschlussübung, weil das Team nicht mehr schlechter werden kann. Überschaubare Aufgabe mit klaren Regeln. Prozesse in der Planungsphase sowie Rollen und Fähigkeiten werden reflektiert.

Auswertungsfragen nach der Durchführung

- Wie kam es zu der Strategie?
- Wie wurde sich geeinigt?
- Wie wurde auf wechselnde Rahmenbedingungen reagiert?
- Welchen Einfluss hatte der »Spaßfaktor« bei der Übung?

Transferthemen

- Persönliche Stärken im Team erkennen, einsetzen und akzeptieren.
- Flexible Strategien entwickeln und auf Veränderungen vorbereitet sein.
- Bevor eine Lösung entwickelt wird, ist es sinnvoll, sich über die Gegebenheiten und Rahmenbedingungen zu informieren.

Trainerinfo

Wichtig ist ein flaches Gelände, am besten eine Wiese mit möglichst wenigen Unebenheiten. Der erste Versuch ist die Planung, da wird alles noch sehr ruhig und langsam zugehen. Bei den folgenden Versuchen werden die Teammitglieder wirklich rennen, so schnell sie können. Daher ist es wichtig, auf Rutschgefahr und die Vermeidung übertriebenen Ehrgeizes hinzuweisen. Die Zeitmessung erfolgt durch den Trainer.

Schneesturm

Beschreibung

Alle Gruppenmitglieder sind durch ein Seil miteinander verbunden. Dazu werden in das Seil Schlaufen gebunden, die diagonal über eine Schulter gelegt werden. Alle Teilnehmer haben die Augen verbunden. Nun soll die Gruppe einen bekannten oder unbekannten Weg gemeinsam bis zu einem Zielpunkt gehen. Einzelne in der Gruppe übernehmen die Führung und tragen dann keine Augenbinde.

Settings und Varianten

- **Führung und Akzeptanz** Nacheinander wird jeder für kurze Zeit zur Führungskraft. Diese hat dann die Augen geöffnet und führt die Gruppe. Den Weg gibt der Trainer vor und geht voraus. So können die Anforderungen individuell gestaltet werden. Die Reihenfolge der Gruppenmitglieder am Seil bleibt dabei immer gleich. So ergibt es sich, dass einmal jemand von vorne, aus der Mitte und von hinten führt. Es ist auch möglich, die Führung zwei Personen zu überlassen, zum Beispiel in der Mitte und hinten.

- **Analysefähigkeit** Die Gruppe wird ein Stück auf einem Weg (ideal ist ein schlängelnder Waldweg mit Begrenzung) geführt. Anschließend muss sie mit verschlossenen Augen den Weg zum Ausgangspunkt zurückfinden. Dabei haben alle die Augen verbunden. In der Planungszeit können alle sehen, dürfen sich aber nicht wegbewegen und den Weg erkunden. Eine weitere Variante ist, dass bereits in der Planungszeit alle in der Gruppe die Augen verbunden haben. Somit ist schon die Kommunikation erschwert. Wahrscheinlich werden viele durcheinanderreden, bis jemand die Führung übernimmt.
- **Projektmanagement** Mit der Gruppe wird ein Weg abgegangen, den sie anschließend selbstständig zurückfinden soll. Zuvor gibt es eine Planungszeit. Zur Durchführung darf das Gelände erkundet werden, allerdings darf nichts verändert werden, und auch für die Durchführung sind keine Hilfsmittel erlaubt. In der Aktionszeit gehen alle als Seilschaft. Die Zeitstruktur gibt sich die Gruppe selbst und meldet sie dem Trainer.
- **Planung** Die Gruppe bekommt vor einem kleinen Spaziergang die Aufgabe: »Nach Ankunft am Ziel soll der Weg als komplette Seilschaft blind zurückgegangen werden. Dabei darf nichts im Gelände verändert werden, und es dürfen keine Hilfsmittel verwendet werden.«

Teamphasen

Im Übergang vom *Forming* zum *Norming* gut einsetzbar. Durch die Vertrauenskomponente passt es gut zum intensiveren Kennenlernen. Durch die Planungs- und Koordinationsanteile der Übung und der Varianten auch sehr gut für erste Teamabsprachen und Rollendefinitionen geeignet.

Auswertungsfragen nach der Durchführung

- Was war zur erfolgreichen Aufgabenbewältigung nötig?
- Wodurch wurde Vertrauen möglich?
- Was war der Beitrag des Einzelnen zum Erfolg?

Transferthemen

- Vertrauen geben und annehmen.
- Unterstützung geben und annehmen.
- Mögliche Probleme identifizieren.
- Realistische Planungen durchführen und Grundlagen dafür schaffen.
- Synergieeffekt.

Trainerinfo

Obwohl Vertrauensaufgaben häufig sowohl von Trainerseite als auch von Teilnehmerseite skeptisch betrachtet werden, möchten wir dazu ermutigen, diese anzubieten. Sie haben insbesondere bei einer anspruchsvollen Aufgabe und einem herausfordernden Weg einen großen Effekt. Bei der Durchführung der Übung ist unbedingt auf die Sicherheit zu achten und darauf hinzuweisen, dass mit verbundenen Augen besonders vorsichtig gegangen wird. Selten kommt es vor, dass Personen Gleichgewichtsprobleme oder Ängste mit verbundenen Augen haben, hier steht natürlich die Freiwilligkeit an erster Stelle.

Schafe und Schäfer

In Kürze

Charakteristik: Die Aufgabe wirkt zunächst albern, macht dann aber viel Spaß. Auf einfache Weise lassen sich die jeweiligen Verantwortungsbereiche identifizieren: Alle planen, einer muss es umsetzen, und dennoch müssen alle kooperieren.
Zeit: Mit Planungszeit etwa 45–60 Minuten.
Material: Ein langes Seil, Augenbinden.
Teilnehmeranzahl: 5–30 Personen.
Sicherheitsaspekte: Das Gelände sollte so ausgewählt sein, dass eine freie Fläche zur Verfügung steht, eine Wiese, ein Sportplatz oder eine Lichtung. Die Gruppe sollte auf den unebenen Untergrund noch einmal ausdrücklich hingewiesen werden, damit sie sich vorsichtig bewegt.

Beschreibung

Auf dem Boden liegt ein Seil mit großem Radius. Der Seilring ist an einer Seite geöffnet. Das ausgelegte Seil stellt den stilisierten Stall dar. Die Aufgabenstellung besteht darin, dass ein »Schäfer« die anderen Gruppenmitglieder, die »Schafe«, in den Stall bringen muss. Die Gruppe entscheidet selbst, wer die Schäferrolle übernimmt. Der Schäfer steht in der Mitte des Seilkreises, darf weder sprechen noch seinen Platz verlassen.

Zunächst plant die Gruppe gemeinsam eine Strategie. Anschließend verbinden sich alle die Augen, der Stall wird erneut ausgelegt, und der »Schäfer« platziert sich in dem Stall. Die »Schafe« werden nun vom Trainer in einem größeren Abstand vom Seilkreis verteilt. Sie dürfen nicht mehr sprechen, allerdings »blöken«, sich also akustisch bemerkbar machen.

Settings und Varianten

- **Kommunikation und Schnittstellen** Nach der Aufgabenstellung wird die Gruppe in kleinen Teams zur Vorbereitung geschickt. Nach der Planungszeit von 15–20 Minuten kommen alle zusammen, einigen sich auf ein Vorgehen und präsentieren dieses dem Trainer.
- **Umgang mit Regeln** Die Stoppregel wird eingeführt. Dabei wird durch ein Stopp des Trainers der Prozess angehalten, und er entscheidet, wer oder wie viele wieder »in die Herde« zurückgebracht werden. Anlass für ein Stopp kann ein Regelverstoß oder das Überschreiten des Seils sein.
- **Qualitätsmanagement** Die Gruppe bekommt die Einhaltung der Regeln übertragen, das heißt auch den Umgang mit Fehlern. Zwei bis drei Teilnehmer haben den Auftrag, die Durchführung zu beobachten und bei Fehlern einzuschreiten. Dazu müssen sie sich klar werden darüber, was ein Fehler ist und wie damit umgegangen wird, auch, wer schließlich vor der Gruppe agiert.

Teamphasen

Die Aufgabe eignet sich für den Übergang vom *Storming* zum *Norming*. Erste Vereinbarung, die getroffen worden sind, können in der Aufgabe überprüft werden.

Auswertungsfragen nach der Durchführung

- Was ist aus den Vorbereitungen in der Kleingruppe und der Umsetzung im Gesamtteam geworden?
- Wie zufriedenstellend war die Durchführung?
- Gab es andere Ideen, die nicht berücksichtigt wurden?

Transferthemen

- Planung in Kleinteams und Entscheidungen im Gesamtteam.
- Vereinbarungen treffen, aber wie?
- Verantwortung übernehmen.

Trainerinfo

Das Gelände muss groß genug sein, alle Teilnehmer sollten per Zuruf noch erreichbar sein, jedoch nicht zu nah beieinanderstehen. Die Teilnehmer werden einzeln und wahllos im Gelände verteilt. Der Stall wird ausgelegt und der Schäfer positioniert. Sobald alle am Platz sind, geht es auf ein Zeichen des Trainers los. Da alle blind gehen, sind die »Schafe« vom Trainer gut zu beobachten.

Reflexion

»Ein jeder sieht, was er im Herzen trägt.«

Ein erfüllter Tag ging zu Ende. Es herrschte ideales Wetter, warm, aber nicht heiß, und auch gute Temperaturen, um abends als letzte Übung mit einer gelungenen Seilkonstruktion abzuschließen. Der Seminarraum war voll mit beschriebenen Flipcharts und Karten. Es gab intensive Gespräche und Auswertungen nach den Übungen. Auch in der Rückschau des Tages, welches die wichtigsten Erkenntnisse für dieses Team waren, wurde sehr intensiv diskutiert.

»Ich bin sehr erstaunt«, sagte Herr Gabriel, »was man an nur einem Tag durch so viele intensive Übungen erreichen kann. Ich erkenne das Team nicht wieder.«

»Die Teilnehmer erleben die Themen selbst. Dadurch ist alles authentisch und glaubwürdig. Wir müssen nicht sagen, was wir glauben, was für das Team am besten ist, sondern sie finden es selbst heraus.«

»Das war wohl der Fehler in der Vergangenheit.«

»Nein, ein Fehler war das nicht. Wenn Sie nur Indoor-Workshops machen können, haben Sie mit PowerPoint-Präsentationen nicht viele andere Chancen. Ich denke, die Kombination von beiden ist erfolgreich. Deswegen ist der Verlauf des Coachingprozesses nach dem Training ebenfalls wichtig.«

»Der besondere Erfolg des Tages ist für mich, dass es jetzt innerhalb des Teams ein gemeinsames Verständnis dafür gibt, dass etwas verändert werden muss, und es gibt die Bereitschaft, dies zu tun. Wir haben wirklich alle im Boot, den Teamleiter und alle Führungskräfte.«

Unsere Aufgabe morgen ist, den Transferprozess zu initiieren und bis zu einem bestimmten Punkt zu moderieren.

»Und wie machen wir das?«

»Geduld, jetzt werden wir uns noch ein wenig mit der Gruppe zum gemütlichen Teil zusammensetzen. Morgen nach dem Frühstück können wir uns kurz abstimmen.«

Gedanken zur Reflexion

Das Thema Reflexion steht stets im Spannungsfeld von Denken und Fühlen oder auch Kognition und Emotion. Ziel der Reflexion ist eine Erkenntnis, die zu einer Verhaltensänderung führt. Hier liegt die Problematik der Reflexion und des später im Trainingsverlauf einsetzenden Transferprozesses.

Die Mehrheit der Teilnehmer in den Teams haben sich nicht freiwillig entschieden, dass sie ein Teamtraining machen wollen. Zwar sollten sie letztendlich zugestimmt haben, aber die Initiative kommt in der Regel von außen, das heißt einer Führungskraft und der hierarchisch höhergestellten Ebene.

Der Entscheider und Auftraggeber des Trainings ist nicht immer auch Teilnehmer, aber in den meisten Fällen der Finanzier des Trainings. Insofern hat er berechtigterweise Interesse daran, dass sich durch das Training eine positive Veränderung einstellt. Nur sind die Prozesse, die in einem Training diskutiert werden, nicht immer identisch mit den Interessen des Auftraggebers. Will man also eine gehaltvolle und ehrliche Reflexion der Übungen erreichen, ist es notwendig, stets das zu akzeptieren, was die Teilnehmer im Moment sehen, erkennen und auch bereit sind, äußern zu wollen.

Baut man Druck durch Erwartungen auf, wird es Blockaden geben, und statt einer Reflexion wird man erwünschtes Verhalten erzielen. Das Ergebnis eines Trainings ist immer nur so gut wie die Bereitschaft des Auftraggebers, jedes Ergebnis als Verbesserung zu akzeptieren – auch und gerade dann, wenn es nicht seinen Erwartungen entspricht. Führungskräfte, Personalentwickler, Geschäftsführer, Vorstände haben eine andere Erwartung an die Geschwindigkeit von Entwicklungsprozessen, als es in den meisten Teams möglich ist.

Verhaltensänderung geschieht leider zu oft durch Druck oder Frustration. In beiden Fällen wird man keine tatsächliche Verbesserung der Situation erzielen, weil sich das Verhalten sofort verändert, wenn Druck oder Frustrationspegel nachlassen.

Die aus unserer Sicht sinnvolle Möglichkeit für Verhaltensänderung geschieht durch Einsicht. Nun ist aber die Einsicht eines Teilnehmers nicht unbedingt die gleiche wie die des Trainers, Teamleiters oder des Auftraggebers. Daher ist der erste Grundsatz für Reflexion als Basis für nachhaltige Veränderung:

Was immer geschieht, es ist richtig und hat einen Sinn. Arbeite stets mit dem, was ist, nicht mit der Erwartung.

Reflexion kann sich auf zwei verschiedene Bereiche richten: Prozess- oder Selbstreflexion. Natürlich sind diese beiden Bereiche nicht strikt voneinander getrennt, sondern hängen miteinander zusammen und bedingen sich gegenseitig. Grundsätzlich gibt es dadurch nur zwei verschiedene Herangehensweisen.

- Soll im Bereich der Selbsterkenntnis fokussiert werden, dann ist es sinnvoll, die Übungen an sich ohne einen weiteren thematischen Zusatz durchzuführen. Dadurch erkennen die Teilnehmer anhand ihres eigenen Verhaltens und der Abläufe innerhalb der Gruppe, welches Veränderungspotenzial sie haben, und können daraus die entsprechenden Schlüsse ziehen.
- Soll auf den Prozess fokussiert werden, wird ein bestimmtes Thema benötigt, das sich in dieser Gruppe abbilden soll: Nehmen wir als Beispiel den Begriff »Qualität«. Dieser ist sehr facettenreich: Qualitätsanspruch, Qualitätsmanagement, Qualitätssicherung, Qualitätsstandards. Wenn in der Reflexion darauf fokussiert werden soll, macht es Sinn, das entsprechende Thema bereits in der Anmoderation der Aufgabenstellung anzusprechen. Diese Entscheidung wird in der Auswahl des Settings getroffen.

Bei dieser Art des erlebnisorientierten Trainings ist es aus unserer Erfahrung sinnvoll, zunächst mit der Selbstreflexion zu starten. Die Gruppe soll zunächst die Anfangshürden und Berührungsängste abbauen, und die Einzelnen können sich gleichzeitig innerhalb der Gruppe erleben. Dadurch wird die Akzeptanz der Methode erhöht, und die Gruppe beginnt durch das Forming ins Storming zu gehen. In diesen beiden Phasen geht es schwerpunktmäßig darum, seinen Platz in der Gruppe zu finden und ein Gefühl dafür zu entwickeln, wie sich jeder als Teilnehmer innerhalb dieser Rahmenbedingungen des Trainings verhält.

Solange eine Gruppe in der Stormingphase ist, macht es noch wenig Sinn, mit dem inhaltlichen Prozess wie zum Beispiel Kundenorientierung oder Qualitätsmanagement zu arbeiten. Sobald sich die Gruppe dem Norming nähert, ist es jedoch wichtig, ein inhaltliches Thema auf den Gruppenprozess aufzusetzen. Im Norming geht es genau darum, eine solide, gemeinsame, professionelle Basis für die thematische Zusammenarbeit herzustellen.

In welcher Form die Reflexion moderiert wird, ergibt sich aus der Methodenvielfalt, über die der Trainer verfügt, und den Möglichkeiten, die vor Ort zur Verfügung stehen. Auf jeden Fall ist es wichtig, die Reflexionsergebnisse zu dokumentieren. Dies ermöglicht, beim Transfer schnell darauf zurückzugreifen, und die Teilnehmer sehen die Ergebnisse, wenn sie nach den Übungen in den Seminarraum zurückkehren. Dadurch entstehen auch eine Ernsthaftigkeit und Verpflichtung, die Erkenntnisse, die dokumentiert wurden, umzusetzen.

Reflexion mit dem Seil I: Skalaabfrage

In Kürze

Charakteristik: Sehr einfache und leicht durchzuführende Übung, um Veränderungen oder eine aktuelle Situation abzufragen. Natürlich kann diese Übung auch am Flipchart oder mit Moderationskarten durchgeführt werden. Durch das Seil nimmt die Übung mehr Raum ein, die Teilnehmer kommen besser ins Gespräch. Es entsteht eine intensivere Interaktion, und die Ergebnisse werden ausführlicher.
Zeit: 15–30 Minuten (je nach Gruppengröße und Aufgabenstellung).
Material: Langes Seil.
Sicherheitsaspekte: Keine.

Beschreibung

In ein Seil werden zehn Knoten in gleichmäßigen Abständen geknüpft, sodass der erste und der letzte Knoten sich jeweils an den Seilenden befinden. Jeder Knoten bedeutet in nummerischer Reihenfolge die Zahlen 1 bis 10. 1 entspricht in diesem Fall die schlechteste Einschätzung, 10 die beste. Jetzt kann das Seil zwischen zwei oder mehreren Fixpunkten festgebunden werden. Wahlweise kann es auch auf dem Boden liegen, und anstelle von Knoten können an die entsprechenden Stellen Moderationskarten mit den Zahlen gelegt werden.

Settings und Varianten

- **Ist-Zustand dokumentieren** Die Teilnehmer sollen sich zu bestimmten Fragestellungen mit ihrer Einschätzung an die entsprechenden Zahlenpunkte stellen und sich dann jeweils mit den anderen Personen an diesem Punkt und den nächsten benachbarten Punkten darüber austauschen, warum sich wer im Moment an welchem Punkt eingeordnet hat.
- **Veränderungspotenziale ermitteln** Ähnlich wie beim »Ist-Zustand« positionieren sich die Teilnehmer zu einer bestimmten Frage. Zum Beispiel wird gefragt: Wie schätzen Sie die Qualität der Kommunikation bei der letzten Übung ein? Nun sollen die Personen an den jeweiligen Punkten

diskutieren, was sie tun können, damit sich ihre Einschätzung um mindestens einen Punkt verbessert. Wichtig ist, darauf hinzuweisen, dass es nicht darum geht, was andere tun sollten oder welche Rahmenbedingungen sich ändern sollten, sondern was jeder Einzelne selbst bereit ist, zu tun, damit sich die individuelle Einschätzung verändert.

■ **Visionen erlebbar machen** Nach dem »Ist-Zustand« hat jeder die Aufgabe, sich einen Punkt höher zu stellen, als er zuvor bewertet hat. Nun ist das Thema: Was muss passieren, um diese Wertung zu erlangen? Was ist mein Beitrag zur besseren Bewertung bei der nächsten Aufgabe?

Auswertung nach der Durchführung

Da diese Übung die Potenziale eines Teams aufzeigt, sollten die Ergebnisse kurz dokumentiert werden, zum Beispiel mit einer Karte mit Namen an der entsprechenden Stelle, um später den Vergleich herstellen zu können.

Transferthemen

■ Auswertung und Bewertung des Vergangenen.

■ Fokussieren auf ausgewählte Themen.

■ Erkenntnis über die Meinung und Sichtweise der Gruppenteilnehmer untereinander.

■ Bewertungen sichtbar und erlebbar machen.

■ Veränderungsprozesse: Was kann sich verändern, und wie lässt es sich realisieren?

Teamphasen

Die Aufgabe kann in allen Teamphasen eingesetzt werden. Der »Ist-Zustand« eignet sich erfahrungsgemäß gut im *Storming,* die »Veränderungspotenziale« sind gut für die Reflexion im *Norming* und den Einstieg in die Transfermoderation.

Trainerinfo

Je mehr Platz zur Verfügung steht, damit sich die Teilnehmer sehen, und je mehr sie miteinander in Interaktion kommen, umso besser. Es lassen sich dabei auch unterschiedliche Fragen miteinander kombinieren.

Reflexion mit dem Seil II: Time-Line

> **In Kürze**
>
> **Charakteristik:** Sehr gute Übung, um den Transferprozess vorzubereiten und eine Gruppe ein gemeinsames Ziel finden zu lassen.
> **Zeit:** Mindestens 30 Minuten.
> **Material:** Langes Seil.
> **Sicherheitsaspekte:** Keine.

Beschreibung

Auf dem Boden wird das Seil gerade oder in großen Bögen ausgelegt oder zwischen zwei oder mehr Fixpunkten gespannt. In der Mitte der Seillänge ist die Gegenwart. Es geht nun darum, aus der Vergangenheit Stärken und positive Erfahrungsprozesse herauszufiltern und für die Zukunft ein Szenario zu entwickeln.

Settings und Varianten

- **Auseinandersetzung mit den Sichtweisen anderer** Das Seil symbolisiert das Training im Zeitverlauf. Die Gruppe unterteilt das Seil in Abschnitte. Das können Aufgaben, Zeiträume oder Höhen und Tiefen sein. Anschließend wird zusammengefasst, was die jeweilige Phase zum jetzigen Ergebnis beigetragen hat.
- **Moderation der Zielvereinbarung** Das Potenzial der Übung liegt darin, die Teilnehmer in Aktion und Interaktion zu bringen. Insofern unterscheidet sich diese Methode von der normalen Diskussion in der Kleingruppe am Flipchart.

- Eine Fragestellung könnte lauten: Was hat uns erfolgreich gemacht und wie können wir das für unser Team nutzen, um …?
- Für die Durchführung gibt es mehrere Möglichkeiten. Die Teilnehmer …
  - sie hängen oder legen an die entsprechenden Stellen am Seil Moderationskarten mit den entsprechenden Aspekten, oder
  - sie stellen sich an die entsprechenden Punkte und diskutieren miteinander die verschiedenen Aspekte, oder
  - sie machen eine Zeitreise, markieren am Seil bestimmte Zeitpunkte und diskutieren dort die Fragestellung und was sich unterwegs zwischen den Punkten jeweils verändert hat. Das ist allerdings nur für kleinere Gruppen geeignet. Eine Alternative wäre, die Gruppe zu teilen, ein Teil macht die Zeitreise, die andere ist Beobachter, am Gegenwartspunkt in der Mitte wird gewechselt, und im Anschluss daran tauschen sich beide Gruppen aus.

Auswertungsfragen nach der Durchführung

- Beschreiben Sie Ihr Ziel, das Sie als Team erreichen möchten!
- Wie erreichen Sie das?
- Welche Unterstützung brauchen Sie?

Transferthemen

- Benennung von Prozessen und Einigung darüber.
- Einschätzungen austauschen.
- Messbare Zielvereinbarung treffen.

Trainerinfo

Die Übung ist eine sehr gute und spielerische Vorbereitung des Transfers, benötigt allerdings Zeit, weil dadurch viele Ideen und Gedanken freigesetzt werden.

Beginn des zweiten Trainingstages

»Du gleichst dem Geist, den du begreifst.«

»Guten Morgen, haben Sie gut geschlafen?« Sarah Mikkel reichte Herrn Gabriel die Hand.

»Geschlafen habe ich gut. Allerdings bin ich zugegebenermaßen etwas angespannt.«

»Wegen des Transfers?«

»Ja, das ist schon ein wichtiger Punkt. Letztendlich wird der Erfolg daran und an den Veränderungen, die daraus resultieren, gemessen.«

Sie nickte zustimmend.

»Gestern war ich durch die tollen Ergebnisse richtig euphorisch. Heute müssen wir das irgendwie wieder auf den Boden bringen, dass es realistisch wird. Ich befürchte, dass es der Gruppe so ähnlich gehen könnte.«

Sarah Mikkel ordnete ihre Seile. »Sie haben völlig recht, das ist heute unsere Herausforderung. Wir werden Schritt für Schritt mit der Gruppe diesen Prozess gehen. Zunächst haben wir sie aus dem Alltag herausgeführt, um die Gedanken und Emotionen frei zu bekommen. Darauf hat sich die Gruppe wunderbar eingelassen. Jetzt gehen wir den Weg weiter und bringen das Team mit neuen Ideen in ihre Arbeitsrealität.«

»Zurück«, ergänzte Herr Gabriel.

»Nein, zurück gerade nicht. Sondern der Weg geht weiter. Da wir mit Metaphern arbeiten, sind diese Unterscheidungen wichtig.«

»Hmm …«

»Lassen Sie sich überraschen. Jetzt gehen wir frühstücken. Danach beginnen wir den Tag mit einer Warm-up-Aufgabe, damit sich die Gruppe wieder als Team findet.«

»Bestimmt haben Sie sich schon eine Übung für den Tageseinstieg überlegt.«

»Sehr charmant, Herr Gabriel, das gefällt mir«, sagte Frau Mikkel. »Allerdings habe ich mir noch nichts überlegt. Wissen Sie, das Besondere an diesen handlungsorientierten Aufgaben ist, dass sie sehr universell und vielseitig einsetzbar sind.«

»Wie meinen Sie das.«

»Viele der Übungen, die wir auch gestern gemacht haben, eignen sich in ihrer Basisaufgabenstellung als Warm-up. Modifiziert man die Aufgabe, schränkt vielleicht Kommunikationsmöglichkeiten ein, wird schnell eine komplexe Problemlösungsaufgabe daraus.«

»Aber das ist doch genial«, sagte Herr Gabriel. »Sie können ein und dieselbe Aufgabe mit unterschiedlichen Zielsetzungen verwenden.«

»Genau. Einmal wird es ein Warm-up und dauert 15 Minuten, ein anderes Mal in einer anderen Gruppe wird es eine Problemlösungsaufgabe mit einer Dreiviertelstunde.«

»Welche Übungen sind das denn?«, fragte Herr Gabriel.

»Zwei davon haben wir gestern gemacht, nämlich Gratwanderung und Optimum.«

»Interessant«, ergänzte Herr Gabriel. »Gestern war das etwas mehr als Warm-up, eher ein typischer Eisbrecher, so nennt man das doch?«

»Genau, und mit dem Ressourcenquadrat sind wir dann in die Teamprozesse eingetaucht.«

»Das kann man wohl sagen. Und die anderen Übungen?«

»Das sind Team-Seilspringen, Zielfoto, Achterknoten sowie Buchstabenlegen. Diese habe ich Ihnen ja bereits erklärt. Bei diesen Aufgaben liegt der Fokus auf dem Kennenlernen und bringt eine Gruppe gut in die Stormingphase. Mache ich die Aufgabe komplexer, kann ich sie im Norming einsetzen.«

»Prima, Frau Mikkel, dann gehen wir jetzt zum Frühstück und starten in den Tag. Ich freue mich und bin gespannt auf die Zielvereinbarung.«

Krise in der Gruppe

»O glücklich, wer noch hoffen kann
Aus diesem Meer des Irrtums aufzutauchen.«

Doch sie hatten sich zu früh gefreut. Die Stimmung im Seminarraum war
gut, dann gingen sie mit der Gruppe auf die Wiese zum Warm-up. Plötzlich war alles anders, die Gruppe schien die guten Vorsätze des vergangenen Tages vergessen zu haben. Sie redeten durcheinander und wollten
sich nicht auf eine gemeinsame Strategie beim Warm-up einigen.

Herr Gabriel war etwas entsetzt, weil er dachte, die Gruppe wäre schon viel
besser, und so hatte er hohe Erwartungen. Aber der neue Tag brachte
eine andere Einschätzung. Sarah Mikkel entschied sich, direkt nach dem
Tageseinstieg noch auf der Wiese eine weitere Problemlösungsaufgabe
mit der Gruppe zu machen.

Die Lösung verlief deutlich besser, jedoch hatte auch diese Aufgabe gezeigt,
dass noch viele Unterschiede und Positionskämpfe in der Gruppe vorhanden waren. Dennoch hatte sich die Gruppe schließlich auf eine gemeinsame Lösung geeinigt und die Aufgabe auch gut lösen und durchführen
können. Jetzt waren die Gruppe und unsere beiden Protagonisten unterwegs zurück in den Seminarraum zur Auswertung des Warm-ups und
der Übung.

»Frau Mikkel«, sagte Herr Gabriel, während er etwas atemlos neben der Trainerin lief, »was ist denn hier passiert? Gestern war die Gruppe doch so
gut?«

»Das ist völlig normal, Herr Gabriel. In erster Linie war es unsere Erwartung,
dass es genauso gut weiterläuft wie gestern. Um ehrlich zu sein, habe ich
mir das auch gewünscht und erwartet. Aber die Realität ist eine andere.«

»Was machen wir jetzt?«

»Eigentlich ist es das Beste, was uns passieren konnte.«

»Warum denn das?« Sarah Mikkel konnte das Entsetzen in seiner Stimme
hören.

»Die Gruppe ist noch nicht an dem Punkt, dass sie dauerhaft im Norming bleiben kann. Es gibt noch einige Dinge zu regeln und zu klären.«

»Was machen wir jetzt?«, fragte Herr Gabriel erneut.

»Sehr einfach, genau das sagen, was wir wahrgenommen haben, und die Gruppe nach ihrer Einschätzung fragen. Glauben Sie mir, die sind auch nicht zufrieden.«

»Schaffen wir den Transfer noch?«

»Eigentlich beginnt er jetzt schon. Wir werden die Gruppe bitten, sehr klar und ehrlich ihr Verhalten zu reflektieren und nach Veränderungsmöglichkeiten zu suchen. Diese sollen sie vereinbaren, und dann machen wir eine neue, etwas weniger komplexe Übung, wo sie genau das ausprobieren und unter Beweis stellen können. Dann sind wir schon beim Transfer und können sie fragen, ob sie diese und natürlich noch andere Ergebnisse für ihre Zusammenarbeit mitnehmen wollen.«

»Und das schaffen wir alles zeitlich?«

»Ja, selbstverständlich. Es ist jetzt nicht an der Zeit, pessimistisch zu sein, lieber Herr Gabriel. Freuen Sie sich, denn jetzt wird es richtig spannend. Ich denke, wir sind an den Kern des Problems in diesem Team vorgedrungen und können jetzt wirklich Veränderungen initiieren.«

Wenn es einmal nicht so läuft

Krisen sind Stormingphasen und bieten die Chance, die Karten neu zu mischen. Das Wichtigste erscheint uns, sich als Trainer nicht unter Erfolgsdruck zu setzen, weil der Zeitplan etwas anderes vorsieht und ein makelloser Transfer vereinbart werden muss. Es ist notfalls besser und ehrlicher, als Trainingsergebnis zu akzeptieren, dass die Zusammenarbeit noch nicht läuft und jetzt bekannt ist, woran es liegt – auch wenn dies unter Umständen nicht den Erwartungen des Auftraggebers entspricht. Meistens jedoch ist so ein Punkt im Training der Moment, in dem sich etwas zu verändern beginnt. Wenn an dieser Stelle klar gearbeitet wird, ist der Transfer meist nur noch einen Schritt entfernt.

In dieser Phase des Trainings sind Geduld, Klarheit und Vertrauen gefragt. Methodisch haben sich die folgenden zwei Prinzipien bewährt:

- »Störungen haben Vorrang« ist eines der Grundprinzipien der Themenzentrierten Interaktion von Ruth Cohn. Dies bedeutet, nicht dem erwünschten oder vorgegebenen Zeitplan zu folgen, sondern auf die Ereignisse der Situation einzugehen. Es zählt der Moment, was in der Gruppe geschieht. Der Trainer sollte sich einerseits nicht ablenken lassen, aber andererseits auch einen Blick dafür haben, wenn der geplante Ablauf unterbrochen werden sollte.

  Oft ist es von der Gruppe gar nicht gewollt, und sie ist selbst etwas erschrocken, weil niemand davon ausgegangen ist, dass dies gerade jetzt passiert. Im Kreis zu sitzen und über Probleme zu reden ist weder angenehm noch in Mode. Häufig geschieht so etwas zum Trainingsende. Allererstes Prinzip ist es, die Teilnehmer auf die Situation aufmerksam zu machen und sie zu fragen, ob sie verändern möchten und was. Denn an diesem Punkt kann der Trainer nur mit dem arbeiten, was die Teilnehmer bereit sind, auch wirklich zu bearbeiten.
- Das zweite Prinzip stammt von Paul Watzlawick und wird »Bühne kippen« genannt. Dies ist etwas Ähnliches wie das Prinzip von Ruth Cohn. Es beinhaltet die Möglichkeit, den Ablaufplan zu verändern. Beim »Bühne

kippen« wir der Plan geändert und ebenso die jetzt bestehende Situation besprochen. Im Grunde ist das Vorgehen für beide Prinzipien ähnlich. Der große Vorteil ist, dass man zwei verschiedenen Namen für die Situation verwenden kann. Für manche Gruppen klingt »Störungen haben Vorrang« zu therapeutisch, und dann ist »Bühne kippen« ein passenderer Begriff.

Die Herausforderung für den Leiter in dieser Situation ist, dass er einerseits die Situation transparent machen muss, andererseits nicht für die Lösung verantwortlich ist, denn die soll aus der Gruppe heraus kommen.

Folgende Schritte empfehlen sich in dieser Situation

- Der Leiter teilt der Gruppe mit, dass er den Plan etwas verändern und der Gruppe seine Wahrnehmung der gegenwärtigen Situation schildern möchte.
- Anschließend fragt er die Gruppenmitglieder nach ihrer Einschätzung. Jetzt besteht die Gefahr, dass sich eher die dominanten Teilnehmer mit einer gegenteiligen Einschätzung zu Wort melden. Hier ist es wichtig, auch die »schweigende Mehrheit« um eine Stellungnahme zu bitten.
- Der Leiter fragt die Teilnehmer nach Vorschlägen, wie sie mit der Situation umgehen und ob sie etwas verändern möchten. Gegebenenfalls stellt er auch einen Vorschlag zur Diskussion.
- Die Gruppe trifft eine Entscheidung über das weitere Vorgehen, was sich verändern soll, und beschreibt, wie sichergestellt wird, dass dies auch geschieht. Der Leiter kann die Moderation dieses Schritts der Gruppe übergeben.

Der Vollständigkeit halber noch eine Anmerkung: Dieses Vorgehen eignet sich natürlich am ehesten für Erwachsene. Bei Jugendlichen ist der gleiche Weg möglich, allerdings sollte hier die Moderation straffer geleitet werden, damit keine Ablenkungsmanöver entstehen.

Transfer – die letzte Runde beginnt

»Mit Worten lässt sich trefflich streiten,
Mit Worten ein System bereiten,
An Worte lässt sich trefflich glauben,
Von einem Wort lässt sich kein Jota rauben.«

»Das haben Sie wirklich gut gemacht«, sagte Herr Gabriel in der Kaffeepause
zu Frau Mikkel.

»Vielen Dank. Die Gruppe hat aber auch sehr positiv reagiert – und es war
tatsächlich das Beste, was uns passieren konnte. Wir haben dadurch den
Transfer sehr gut vorbereitet. Jetzt werden wir noch eine Übung machen,
so bekommt die Gruppe die Gelegenheit, die Ergebnisse umzusetzen und
zu überprüfen.«

»Mich hat beeindruckt«, sagte Herr Gabriel, »wie wichtig es in dieser Phase
ist, zurückzugehen. Diesen Mut zu haben, das errungene Norming loszu-
lassen und nochmals in das Storming einzutauchen.«

»Genau diese Angst führt dazu, dass Probleme in Teams häufig nicht angesprochen werden. Das geht eine Zeit lang gut, und letztendlich eskaliert
es doch.«

»Welche Übung schlagen Sie jetzt vor?«

»Wir brauchen etwas, was anspruchsvoll ist, sodass Absprachen notwendig
sind, und die Kommunikation fördert. Auf der anderen Seite sollte es
nicht zu viel Zeit in Anspruch nehmen, ich denke, eine halbe oder Dreiviertelstunde. Wir werden sehen.«

»Nach welchen Kriterien entscheiden Sie so etwas?«

»So eine Situation ist für mich reine Gefühlssache, das berühmte Bauchge-
fühl. Gehen wir, die Pause ist fast vorbei, und wir wollen ja pünktlich
sein.«

Frau Mikkel hatte sich schließlich für die Übung »Achterknoten« entschieden. Diese hatte allen Spaß gemacht, die Gruppe konnte die selbst ge-
wählten Vorgaben umsetzen und war wieder in bester Stimmung.

Bevor sie in den Seminarraum zurückkehrten, hatte Sarah Mikkel kurz abgefragt, wie optimistisch die einzelnen Teilnehmer seien, dass es dem Team gelingen würde, eine nachhaltige Transfervereinbarung zu erzielen. Auf einer Skala von 1 bis 10 waren alle bei 7 oder mehr.

»7 ist ein guter Wert, die Gruppe ist motiviert, darauf können wir gut aufbauen«, sagte Sarah Mikkel zu Herrn Gabriel.

»Und wie beginnen wir den Transfer?«

»Wir geben der Gruppe Moderationskarten mit den Namen der Übungen, die wir gemacht haben. Sie sollen die Erfolgsfaktoren beschreiben und einen Bezug zu ihrer Arbeitssituation herstellen. Das wird dann im Plenum vorgestellt, und schließlich übergeben wir den Prozess an die Gruppe, damit die Teilnehmer schließlich selbst moderieren und eine Vereinbarung miteinander treffen können. Denn sie müssen es ja im Alltag auch umsetzen.«

»Wie sehen Sie meine Rolle dabei?«, fragte Herr Gabriel.

»Zunächst werde ich den Prozess moderieren. Wenn dann die Ergebnisse mit dem Bezug zur Arbeitsrealität vorgestellt werden, können und sollen Sie auch Ihre Überlegungen einbringen. Da haben Sie sicherlich einen sehr guten Einblick.«

»Einverstanden, und wenn die Gruppe selbst moderiert, stellen wir uns sozusagen als Experten zur Verfügung.«

»Prima Idee, also frisch ans Werk. Wir haben viel zu tun.«

Abschließende Gedanken zum Transfer

Grundsätzlich gibt es keinen Königsweg zur Transfermoderation. Auch hängt viel davon ab, wie das Training verlaufen ist, welche Prozesse die Gruppe erlebt hat und in welchem Grad diese reflektiert werden konnten.

Es ist sinnvoll, den Teilnehmern eine messbare Zielvereinbarung als Vorgabe für den Transfer zu geben. Schließlich sollen die Schritte für alle transparent sein, gegebenenfalls müssen Teammitglieder, die nicht am Training teilgenommen haben, ins Boot geholt werden, und die Umsetzung der Schritte muss überprüfbar sein.

Dennoch gibt es immer wieder die Situation, dass es keine klare Zielvereinbarung bezüglich Prozessabläufen und Umsetzungsschritten gibt. Dies liegt in vielen Fällen daran, dass für das Team das Training eigentlich zu früh war. Vielleicht haben sich viele zum ersten Mal in der gesamten Gruppe gesehen. Oder das Team ist – geografisch gesehen – in der Fläche sehr verstreut angesiedelt. Dann ist der emotionale Zusammenhalt der Gruppe das Ziel, und es wird eher darauf fokussiert, wie dieser noch verbessert oder erweitert werden kann.

Es gibt viele Abkürzungen und Beschreibungen, wie Ziele und Zielvereinbarungen definiert sind und welche Kriterien sie erfüllen sollen. Die wohl bekannteste und funktionalste Beschreibung von Zielen geht über den Begriff »S.M.A.R.T.«.

SMART hat im Englischen viele Bedeutungen: elegant, klug, pfiffig, schlau. Die Buchstaben selbst stehen in der originalen Variante für **S**pecific, **M**easurable, **A**ccepted, **R**ealistic, **T**imely. Übersetzt wird dies meist mit

Spezifisch
Messbar
Ausführbar
Realistisch
Terminierbar

Wenn eine Vereinbarung alle diese fünf Kriterien erfüllt, sind die Ziele »smart«. Nun zeigt die Realität, dass sich nicht alle Veränderungsprozesse in dieser Form beschreiben lassen. Oder wenn dies der Fall ist, die Beschreibung nicht immer der Alltagsrealität standhält. Dessen sollte man sich fairerweise bewusst sein.

Wir befinden uns jetzt am Abschluss eines Trainings, und dies ist eine sehr spezifische Situation, weil unterschiedliche Interessenlagen aufeinandertreffen:

- Das Training soll zu einem guten Abschluss kommen. Das Team soll ein Ergebnis dokumentieren und – am besten schriftlich auf einem Flipchartblatt – mitnehmen.
- Für die Umsetzung einer Zielvereinbarung ist es wichtig, dass die Gruppe das Training als sinnvoll, nützlich und hilfreich einschätzt und optimistisch ist, dass sich die Ergebnisse auch umsetzen lassen. Diese Einschätzung, wie optimistisch die Teilnehmer hinsichtlich der »Back-home-Situation« sind, sollte abgefragt werden.
- Das Seminar benötigt eine Abschlussrunde, in der die Teilnehmer noch einmal ihr persönliches Fazit aussprechen können.
- Schlussendlich muss der Zeitplan eingehalten werden, denn bei aller Motivation möchten die Teilnehmer rechtzeitig abreisen, und auch ein pünktlicher Abschluss gehört zur Professionalität.

Die letzten ein bis zwei Stunden eines Trainings haben eine bestimmte Spannung, und es liegt viel am Geschick der Verantwortlichen, diesen Prozess erfolgreich zu gestalten. Generelle Richtlinien lassen sich nicht vorgeben, sondern jede Trainerin und jeder Trainer entwickelt den eigenen Stil.

Finale

»Wohin soll es nun gehn?
Wohin es dir gefällt.
Wir sehen die kleine, dann die große Welt.«

»Vielen Dank für Ihre Offenheit und Bereitschaft, an diesem Training teilzunehmen. Ich bin mir bewusst, dass es eine ungewöhnliche Herangehensweise ist, und Sie alle haben dazu beigetragen, dass wir jetzt einen guten Abschluss erreichen konnten. In den vergangenen beiden Tagen haben wir viel erlebt, und Sie haben diese Erfahrungen auf Ihren Alltag übertragen. Ich nenne es auch ›übersetzen‹. Ich freue mich über Ihre Begeisterung und möchte Sie daran erinnern, was wir auch während des Seminars immer wieder angesprochen haben: ›Jetzt beginnt die eigentliche Arbeit.‹«

Sarah Mikkel stand vor der Gruppe. Es war der Moment der Verabschiedung, es blieb noch eine Viertelstunde, bis die Gruppe in den Bus einsteigen und das Hotel verlassen würde. Es war alles gut gelaufen, mit den Höhen und Tiefen, die zu einem Training dazugehören. Die Vereinbarung für den Transfer war erstaunlich schnell zustande gekommen, was nicht zuletzt daran lag, dass am Morgen die kleine »Krise« entstanden war und hier bereits die ersten Entscheidungen für die notwendige Umsetzung gefallen waren.

Sarah Mikkel hatte die Gruppe bezüglich ihres Optimismus gefragt, ob es gelingen würde, die entsprechenden Ziele im Arbeitsalltag umzusetzen. Der Wert hatte auf der Skala zwischen sieben und acht gelegen.

»Denken Sie bitte an unsere Abmachung«, fuhr sie fort, »in vier Wochen machen Sie eine erste Standortbestimmung und können gegebenenfalls nachjustieren. Machen Sie erneut die Skalaabfrage. Wenn Sie wieder bei sieben bis acht sind, dann fragen Sie sich, was Sie tun können, um auf neun zu gelangen. Sollten Sie darunter liegen, ist die Frage, was Sie tun müssen, um wieder auf den Wert sieben zu gelangen. Die Abmachung, die Ihr Teamleiter auf dem Flipchart mitnimmt, wird aufgehängt und immer wieder ins Gedächtnis gerufen.«

Sie machte eine kurze Pause, dann fuhr sie fort.

»Ich weiß, das mag jetzt etwas pathetisch klingen, aber diese Vereinbarung über Ihre Zusammenarbeit und die notwendigen Veränderungen werden Ihre Region nach vorne bringen. Deshalb ist diese Umsetzung ebenso wichtig wie Ihre Vertriebsaktivität.«

Jetzt meldete sich Herr Gabriel zu Wort.

»Liebe Frau Mikkel, ich möchte mich sehr herzlich bei Ihnen bedanken, Sie haben das wirklich großartig gemacht.«

Spontan begann die Gruppe zu klatschen, und sie spürte, dass sie leicht rot wurde, weil sie damit nicht gerechnet hatte.

»Ich bin überzeugt«, sagte Herr Gabriel, »dass wir jetzt die notwendigen Veränderungen schaffen werden. Durch das Training ist es uns gelungen, die Schwachstellen in unserem Team zu erkennen und die notwendigen Schritte zu definieren. Was ich aber als noch viel wichtiger erachte, ist etwas anderes: Die Region 8 ist jetzt ein Team. Natürlich wird es auch weiterhin schwierige Situationen geben, aber was sich verändert hat, ist, dass wir jetzt offen und ehrlich miteinander kommunizieren. Die Dinge werde angesprochen und besprochen. Als wir die beiden Regionen im Rahmen der Umstrukturierung zusammenlegten, dachten wir, dass hier unser stärkstes Vertriebsgebiet entstehen würde. Davon bin ich immer noch überzeugt, und heute haben wir die alten Hürden hinter uns gelassen. Jetzt kann diese Region wirklich das Umsatzpotenzial zeigen, das in ihr steckt, und darauf freue ich mich.«

Jetzt machte Herr Gabriel eine kurze Pause.

»Ich möchte mich auch sehr persönlich bei Ihnen als Team bedanken«, fuhr er schließlich fort, »es ist nicht selbstverständlich, dass ich als Leiter von HR hier am Teamprozess als Beobachter teilnehmen kann und Sie sich auch bereit erklärt haben, im Anschluss an das Training mit mir einen internen Coachingprozess zu beginnen. Das zeigt die Ernsthaftigkeit, mit der Sie als Team jetzt vorangehen möchten. Vielen Dank auch dafür.«

Frau Mikkel blickte in die Runde.

»Gibt es noch Anmerkungen, oder ist alles gesagt?« Sie schwieg einen Moment. »Dann denke ich, es wartet bereits der Bus auf Sie.«

Die Gruppe applaudierte etwas länger als gewöhnlich, wie es Frau Mikkel schien. Gemeinsam begleiteten Herr Gabriel und sie die Gruppe vor das

Hotel zum Parkplatz, wo der Bus schon wartete. Dann ging alles wie üblich sehr schnell: Verabschieden, Einsteigen, und schon fuhr der Bus los. Die beiden standen auf dem Parkplatz und sahen sich an.

»Geschafft«, sagte Herr Gabriel.

Sarah Mikkel spürte, wie erleichtert er war.

»Was halten Sie davon, wenn wir gemeinsam noch einen Kaffee trinken und dann fahren wir auch los«, fragte er.

»Gerne.«

Sie gingen in die Lobby und genossen es, in den bequemen Ledersesseln zu sitzen. Sie sprachen noch einmal über die Highlights des Trainings, die unerwarteten Ereignisse und tauschten Beobachtungen über die eine oder andere Situation aus.

»Wann sollten wir das Follow-up machen?«, fragte Her Gabriel plötzlich.

»Möchten Sie denn eines machen, bisher hatten wir ja nur theoretisch darüber gesprochen.«

»Unbedingt«, sagte er. »Wenn man das alles noch einmal Revue passieren lässt, muss ich ehrlich gestehen, dass ein Training ohne Follow-up keinen Sinn macht. Ich denke, Sie als Externe können doch das eine oder andere noch klarer ansprechen, und die Wahrnehmung von außen hilft sicher uns allen. Wir haben jetzt so viel Zeit und Geld in diesen Entwicklungsprozess für die Region gesteckt, jetzt möchte ich auch, dass wir das nachhaltig voranbringen. Wann können wir einen Termin vereinbaren?«

»Vielen Dank, ich freue mich, wenn wir einen Inhousetermin machen. Ich denke, dass es viel Sinn macht. Sie nehmen Ihre Aufgabe sehr ernst, und das gefällt mir. Wir sollten einen Termin in etwa drei Monaten avisieren. Inhaltlich müssen wir uns kurz vorher abstimmen, damit wir sehen, was sich schon im Team verändert hat.«

»Wie machen Sie denn so ein Follow-up?«

»Das ist sehr unterschiedlich und hängt natürlich von den Zielen des Teams ab. In diesem Fall würde ich mir gerne eine Teamsitzung als Beobachterin ansehen und dann der Gruppe ein Feedback geben. Wir sollten abfragen, was schon erreicht wurde. Erfolge feiern … Sie wissen schon …«

»Einverstanden, über Details verständigen wir uns kurz vor dem Termin?«

»Langsam!« Sarah Mikkel musste lachen. »Wir sollten ungefähr die Zielrichtung festlegen, denn die müssen Sie ja auch mit dem Team kommunizieren, und es gibt für mich noch ein wichtiges Thema für das Follow-up: Die Ankunft in der Realität …«

»Ich kann mir vorstellen, was Sie damit meinen ...«

»Im Training waren wir in einer Laborsituation, und die Zielvereinbarung ist ohne den tatsächlichen Prüfstand der Realität erstellt worden. Es wird sicher Punkte geben, die nicht so funktionieren, wie wir uns das vorstellen. Da müssen wir nachjustieren und das eine oder andere verändern. Die Anpassung der Zielvereinbarung an die tatsächlichen Rahmenbedingungen und das Verhalten der Teammitglieder nach dem Training sind eigentlich die zentralen Punkte eines ersten Follow-ups.«

»Klingt sinnvoll.« Herr Gabriel lächelte verschmitzt. »Sie haben mich ja schön öfter überzeugt ... Ich fasse noch einmal zusammen: erstens Beobachtung einer Teamsitzung, zweitens Erfolge – was hat schon funktioniert und sich verändert? –, drittens Ankunft in der Realität. Passt das so?«

»Als Arbeitstitel klingt das perfekt, so können Sie das mit dem Team kommunizieren. Ich melde mich morgen bei Ihnen und gebe Ihnen ein paar Terminvorschläge, die Sie dann abstimmen können.«

»So machen wir es. Jetzt muss ich aber los, es ist spät geworden.«

Sie verabschiedeten sich herzlich, Herr Gabriel nahm sein Gepäck an der Rezeption in Empfang und verließ das Hotel. Frau Mikkel kehrte in den Seminarraum zurück, um die restlichen Materialien aufzuräumen.

Eine Stunde später verließ auch sie den Seminarraum und gab den Schlüssel an der Rezeption ab. Wie üblich plauderte sie kurz mit der Empfangsdame, denn inzwischen kannte sie die Mitarbeiterin – ebenso wie die anderen Angestellten – sehr gut.

»Vielen Dank, Frau Mikkel, bis zum nächsten Mal.«

»Ja, auch Ihnen allen vielen Dank. Anfang nächsten Monats habe ich eine Tagesveranstaltung hier.«

»Wir freuen uns.«

Sarah Mikkel nahm ihre Koffer und ging über den Parkplatz zu ihrem Auto. Inzwischen war es schon dunkel geworden. »Es wird Herbst«, dachte sie. »Wieder ein zufriedener Kunde. Es könnte nicht besser laufen, ich habe den schönsten Job der Welt ... zumindest für mich.« Zufrieden und dankbar stieg sie ins Auto und fuhr los.

Kombination verschiedener Übungen zu einem Setting

Für die Arbeit mit sehr großen Gruppen, die wiederum in Kleingruppen aufgeteilt werden, gibt es unterschiedliche Herangehensweisen:

- Alle Gruppen machen die gleiche Übung simultan, und im Anschluss gibt es im Plenum einen gemeinsamen Erfahrungsaustausch darüber, wie die Prozesse in den Gruppen gelaufen sind, welche Strategien gewählt wurden und welche Veränderungen für eine Optimierung notwendig wären.
- Die Gesamtgruppe bekommt eine bestimmte Anzahl von Aufgaben (zum Beispiel fünf: Seilspringen, Zielfoto, Kleiner Zaun, Spinnennetz und Ressourcenquadrat) jeweils am Aktionsort erklärt. Auch alle Regeln mit eventuellen Sanktionen, Zeitvorgaben und der Angabe der vorgegebenen Personenzahl werden mündlich und schriftlich mitgeteilt. Durch die Verschriftlichung hat der Trainer mehr Bewegungsfreiheit, den Prozess zu beobachten. Anschließend erledigt die Gruppe die vorgestellten Aufgaben in Eigenverantwortung. Zunächst plant die Gruppe, erstellt eine Präsentation der Gesamtstrategie und der Teilstrategien und führt dann die Aufgaben durch. Die Besonderheit ist, dass nicht alle Aufgaben zeitgleich durchführbar sind. Einzelne können sich Aufgaben aussuchen, müssen aber möglicherweise immer wieder andere unterstützen, da die Personenzahl nicht ausreicht. Abschließend werden die Einzelaufgaben und die Gesamtstrategie reflektiert.
- Eine weitere Möglichkeit ist, Kleingruppen unterschiedliche Aufgabenstellungen durchführen zu lassen und dabei in einer Art Stationsbetrieb unterwegs zu sein. Wichtiges Kriterium ist in diesem Fall natürlich die Zeit. Damit kein Leerlauf durch Wartezeiten entsteht, wird die Aufgabe erklärt und durchgeführt, und es gibt eine kurze Auswertung. Diese Zeit sollte für die verschiedenen Aufgaben mit einer Abweichung von zehn Minuten gleich sein. Mit etwas Erfahrung bei der Aufgabenstellung und Einschätzung der Gruppe ist das gut machbar. Pro Gruppe werden hier ein Trainer oder eine Trainerin gebraucht.

- Weiterhin ist es möglich, die Gruppen selbst im Rahmen dieser verschiedenen Aufgabenstellungen in Interaktion zu bringen. Wenn es beispielsweise vier »Stationen« gibt, begegnen sich die Gruppen beim Wechsel der Station. Hier gibt es nun verschiedene Zusatzaufgaben für die Zusammenarbeit der Gruppen untereinander:
- Die Gruppe erklärt der nachfolgenden Gruppe oder einem Einzelnen die Aufgabenstellung (diesbezüglich wird sie vom Trainer natürlich gebrieft, welche Informationen weitergegeben werden dürfen).
- Die Gruppe gibt der nachfolgenden Gruppe einen Tipp, den sie für wichtig erachtet, damit die Aufgabe gut lösbar ist.
- Die Gruppe modifiziert ihre Aufgabenstellung um ein zentrales Element, sodass sich für die nachfolgende Gruppe eine veränderte Situation ergibt.

Durch die Kombination mehrerer Aufgaben zu einem großen Setting gibt es sozusagen einen Mikro- und einen Makrokosmos. Im Mikrokosmos muss die jeweilige Gruppe ihre Aufgabe lösen, gleichzeitig steht aber auch das Gesamtziel der Gruppe als Makrokosmos fest. Es können Fehler, wie zum Beispiel Seilberührungen beim »Spinnennetz« oder »Kleinen Zaun«, als Gesamtzahl addiert werden, und es gilt, diese Gesamtzahl möglichst klein zu halten. Zusätzlich gelten im Makrokosmos auch Aufgaben wie zum Beispiel Wissenstransfer, Informationsweitergabe, Qualitätsmanagement oder Umgang mit Ressourcen.

Diese Art der Arbeit mit Großgruppen ist faszinierend, und es lässt sich ein erlebnisreicher Tag gestalten. Allerdings sollte auf eine sehr differenzierte Auswertung in den gleichen Kleingruppen oder erneut gemischten Gruppen Wert gelegt werden, sonst besteht die Gefahr, dass so ein Tag eher einen Incentivecharakter bekommt.

Jede Gruppe wird von einem Trainer während aller Aufgaben begleitet. Insofern ist eine präzise und vertrauensvolle Zusammenarbeit innerhalb des Trainerteams notwendig. Ortsauswahl, Planung und Materialverteilung müssen sehr gut vorbereitet und geplant sein, da durch die Entfernungen zwischen den Gruppen schnell Zeit verloren geht und Absprachen für Veränderungen nur erschwert möglich sind.

Die zeitliche Abfolge und die Dauer der Übungen hängen natürlich von der Komplexität der Aufgabenstellung ab. Grundsätzlich sind folgende Übungen geeignet, in ein solches Kombinationsszenario eingebaut zu werden, wenn vorrangig mit der Basisaufgabenstellung gearbeitet wird:

- Team-Seilspringen
- Zielfoto
- Optimum
- Ressourcenquadrat
- Kleiner Zaun
- Spinnennetz
- Eckenstrategie
- Seilkonstruktionen

Grundsätzlich bleibt es jedem natürlich selbst überlassen, welche Aufgaben miteinander wie kombiniert werden. Im Laufe der Zeit bekommt man ein recht gutes Gefühl für die Aufgaben und die entsprechend notwendige Zeit. Gerade bei den ersten Übungen wie Optimum und Zielfoto lässt sich erkennen, wie die Gruppe interagiert, und man bekommt Erfahrungswerte.

Natürlich birgt diese Kombination gerade bei einer Großgruppenveranstaltung organisatorische und zeitliche Risiken, dennoch ist es die Vorbereitung wert, die sicher etwas mehr Zeit in Anspruch nimmt als üblich. Es ist eine faszinierende Erfahrung sowohl für Teilnehmer als auch für Trainer, wenn während des Trainings auf einem großen Areal die Gruppen mehr oder weniger auf Sichtweite verteilt sind und dann mit dem ersten Wechsel ein Rad ins andere greift.

»Back-home-Situation«

»Natürlich, wenn ein Gott sich erst sechs Tage plagt,
Und selbst am Ende Bravo sagt,
Da muss es was Gescheites werden.«

Wie vereinbart, hatte Sarah Mikkel Herrn Gabriel einige Terminvorschläge für das Follow-up gemailt, und nach Absprache mit dem Teamleiter
wurde auch schnell ein Termin gefunden. Sie freute sich, das Team und
Herrn Gabriel wiederzusehen.

Es war ein grauer Herbsttag, und Sarah Mikkel saß in ihrem Büro, schrieb
an einem Konzept für einen neuen Auftrag und wollte gerade noch ein
paar E-Mails beantworten, als ihr Telefon klingelte.

»Sarah Mikkel, hallo?«

»Hallo, hier ist Gabriel! Frau Mikkel, schön, dass ich Sie erreiche. Haben Sie
kurz Zeit?«

Nachdenklich runzelte sie die Stirn und fragte sich, was das wohl zu bedeu-
ten habe.

»Wissen Sie, was passiert ist?«

Herr Gabriel schien sehr aufgeregt zu sein, sie beschloss, abzuwarten.

»Seit dem Training passieren die komischsten Sachen …«

Sarah Mikkel lächelte. »Jetzt machen Sie es doch nicht so spannend, Herr
Gabriel.«

»Eigentlich sind es keine komische Sachen, sondern Wunder …«

»Wunder gibt es nicht«, unterbrach sie ihn scherzhaft.

»Ja, das haben Sie mir schon einmal gesagt, wir erschaffen unsere Realität
selbst. Also, jetzt hören Sie mir einfach zu …«

»Ich bin ganz Ohr …«

»Seit dem Training sind die Zeiten der Teamsitzungen kürzer geworden und
die Ergebnisse besser, es wird schneller und offener diskutiert – und der
große Unterschied ist, dass sofort nach Lösungen gesucht wird, anstatt
über persönliche Befindlichkeiten zu diskutieren. Das Team hat eine Lis-

te, auf der die Dauer der Teamsitzungen notiert wird. Das bedeutet, das Team wird immer effektiver, und die Ergebnisse werden besser.«

»Das ist ja toll, gratuliere. Aber wissen Sie, wir haben in diesem Fall auch großes Glück gehabt.«

»Warum?«

»Weil alle Teammitglieder an dem Training teilgenommen haben. Das ist wirklich der Idealfall. Das ist nicht immer so, und der erste Schritt in der ›Back-home-Situation‹ ist, die anderen Teammitglieder ins Boot zu holen.«

»Das stimmt und war mir bisher noch gar nicht so bewusst. Da haben wir tatsächlich eine Hürde auslassen können.«

»Waren Sie seit dem Training schon wieder in der Region?«, fragte sie.

»Vor zwei Tagen, und Sie glauben es nicht, die Stimmung hatte sich deutlich verbessert, offene Türen, und wir haben bemerkt, dass die Arbeit wieder Freude macht. Eine Mitarbeiterin hat mich gefragt, was wir denn mit ihren Chefs gemacht hätten, die seien wie verwandelt.«

Sarah Mikkel lachte. »Dann brauchen wir gar kein ›Follow-up‹ mehr?«

»Doch, unbedingt«, widersprach Herr Gabriel. »Das war doch nur die erste Euphorie, es gibt natürlich viele Dinge, die noch nicht funktionieren und vielleicht sogar mehr als vorher.«

»Das kann ich mir leicht vorstellen, denn jetzt kommen die Dinge erst so richtig hoch.«

»Wie meinen Sie das?«

»Das Team kommuniziert besser, und dadurch läuft vieles anders als vorher, dadurch wird auch deutlicher, wo die Probleme liegen. Aber das ist eine gute Nachricht.«

»Stimmt. Außerdem schreibt das Team die Aspekte auf, die noch nicht funktionieren und die es gerne mit Ihnen diskutieren möchte.«

»Na, hoffentlich reicht da ein Tag …«

»Kein Problem, sonst machen wir noch einen weiteren. Ich habe mit meinem Chef gesprochen, und auch er sieht die Veränderungen und ist daher bereit, den Prozess zu unterstützen. Noch habe er Geduld …«

»Wissen Sie, was er damit meint?«

»Nun, mein Chef ist wirklich sehr vernünftig und realistisch, aber er steht ebenfalls unter dem Druck des Vorstands. Das heißt, bei aller Begeisterung, die Umsatzzahlen müssen steigen.«

»Welchen Zeitraum stellt er sich denn da vor?«, fragte Frau Mikkel.

»Sechs Monate nach dem Training möchte er zumindest eine klare Trend-wende nach oben sehen.«

»Das halte ich für realistisch, so wie sich das Team im Moment entwickelt.«

»Das sehe ich auch so«, sagte Herr Gabriel. »Die Landung ist geglückt, das wollte ich Ihnen auf alle Fälle schon einmal mitteilen. Bei aller Begeiste-rung haben wir noch viel Arbeit vor uns.«

»Prima. Ich denke, wir lassen unseren ›Follow-up‹-Plan, wie besprochen.«

»Auch die Beobachtung bei der Teamsitzung?«

»Auch die«, sagte Frau Mikkel. »Teamsitzungen spiegeln die Kultur eines Teams. Das ist wie das große Familienessen. Hier können Sie Strukturen jeglicher Art am besten erkennen.«

Herr Gabriel lachte. »So habe ich das noch gar nicht gesehen.«

Die »Back-home-Situation« ist der archimedische Punkt zwischen Training und beruflichem Alltag. Im Idealfall sind die Teilnehmer motiviert und möchten etwas verändern. Jedoch lässt sich die Realität des Alltags nicht wegreden. Das bedeutet, die Teilnehmer kommen sowohl in ihr privates als auch berufliches Umfeld zurück und müssen dort ihre Aufgaben und Ver-pflichtungen erfüllen.

Es ist selten der Fall, dass bei einer Gruppe wirklich alle Mitglieder beim Training dabei sein können. Je größer die Gruppe, umso unwahrscheinli-cher wird es. Daher besteht die erste Aufgabe der »Back-home-Situation« da-rin, diese Teammitglieder einzubinden, von den Erfahrungen zu berichten und sie über die Ergebnisse zu informieren. Wer dies übernimmt, wann und wie es erfolgt, sollte noch im Training besprochen werden und Teil der Zielvereinbarung sein.

Der Trainer ist in dieser Situation nicht mit dabei. Es ist jetzt sinnvoll, das Team eigenverantwortlich in die neue Realität starten zu lassen. Wichtig ist, diesen Übergang bereits während des Trainings anzusprechen und sich gemeinsam Gestaltungsmöglichkeiten zu überlegen.

Dieser Moment ist auch ein wichtiger Teil hinsichtlich der Einschätzung des Trainings und der Wirksamkeit. Eigentlich wird die Effizienz des Trai-nings an der Qualität des Übergangs in den beruflichen Alltag gemessen und daran, ob die Gruppe den »Schwung mitnehmen« kann.

Je länger das Training dauert, umso mehr Zeit kann natürlich auf diesen Prozess verwendet werden. Bei einem einzelnen Trainingstag ist es deutlich schwieriger, denn hier konkurrieren die Themen Aktion, Reflexion, Moderation und Transfergestaltung um die Zeit. Der Übergang und die damit einhergehende Problematik sollte bereits im Training angesprochen werden.

Einige Ideen zur Gestaltung der »Back-home-Situation«:

- Am ersten Arbeitstag trifft sich das Team morgens 15 Minuten zu einem informellen Gespräch und tauscht sich nochmals über die Highlights und Ergebnisse des Trainings aus. Dieses Gespräch sollte keinen Meetingcharakter haben und daher auch nicht in einem Konferenzraum, sondern eher an Stehtischen in einer offenen und lockeren Atmosphäre stattfinden. Hier können bereits Teammitglieder, die nicht teilgenommen haben, eingebunden werden.
- Wenn mehrere Teammitglieder nicht teilnehmen konnten, kann es hilfreich sein, bereits am ersten Tag eine kurze Teamsitzung zu veranstalten, in der nur über das Training, die Ereignisse und Ergebnisse gesprochen wird. Je früher wirklich alle Teammitglieder in den Prozess einbezogen sind, umso besser.
- Die Ergebnisse und Plakate werden an einem zentralen Punkt aufgehängt.
- Die Transferergebnisse werden auf kleine Karten geschrieben, laminiert und an die Teilnehmer verteilt.
- »Team-Hour« – es wird ein bestimmter Tag festgelegt, an dem sich das Team trifft und jeweils rekapituliert, wie gut die Umsetzung der Zielvereinbarung bereits funktioniert. Dies dient der Bestandsaufnahme und sollte nicht länger als eine Stunde dauern. Lösungsmöglichkeiten sollten nicht diskutiert werden. Ziel ist es, Punkte, die bearbeitet werden sollten, zu erkennen und zu sammeln, um sie dann auf die Agenda einer der nächsten Sitzungen aufzunehmen.
- Einzelne aus dem Team übernehmen die Aufgabe, jeweils einen Kollegen oder eine Kollegin zu informieren. Anschließend wird in der Teamsitzung noch einmal über die Ziele und Zwischenziele, aber auch über die Verantwortung jedes Einzelnen gesprochen.

Für die Gestaltung der »Back-home-Situation« gibt es keine Musterlösung. Örtliche und zeitliche Rahmenbedingungen und Aufgabenstellungen beeinflussen natürlich die Möglichkeiten der Gestaltung. Wichtig erscheint uns, dass bereits im Training dieser Übergang definiert wird. Dadurch bekommt das Team auch die Verantwortung für den Erfolg des Trainings.

Follow-up

»Da seid Ihr auf der rechten Spur;
Doch müsst Ihr Euch nicht zerstreuen lassen.«

»Das Team freut sich schon auf Sie«, sagte Herr Gabriel, als er Sarah Mikkel in der Eingangshalle abholte.

»Ich bin auch gespannt. Ich denke, das wird ein sehr intensiver Tag, und wir sind in der glücklichen Lage, dass seit dem Training bereits viele positive Veränderungen eingetreten sind.«

»Der Ablauf bleibt wie besprochen. Zunächst die Teamsitzung mit Feedback und dann die anderen Themen. Wir haben den Konferenzraum für den ganzen Tag gebucht.«

»Prima, ich freue mich schon.«

Sie verließen den Aufzug und gingen zum Konferenzraum »Diamant«.

»Wie passend«, dachte Sarah Mikkel, »ein Diamant entsteht unter Druck und richtig geschliffen wird er sehr wertvoll.«

Aber diese Überlegung behielt sie für sich.

Für die Moderation des Follow-ups lassen sich wenige klare Vorgaben oder Ideen hinsichtlich Planung und Durchführung beschreiben. Dies hängt von den Inhalten und vor allem den Teamprozessen in der Gruppe ab. Weitere Indikatoren sind die Motivation der Gruppe und die Frage, wie die »Back-home-Situation«, die ersten Tage nach dem Training zurück am Arbeitsplatz, verlaufen ist. Hier ist der Trainer mit seiner Fach- und Methodenkompetenz gefragt, und jedes Follow-up wird anders verlaufen.

Einige hilfreiche Rahmenbedingungen lassen sich jedoch formulieren:

- Das Team sollte über das Follow-up informiert und damit einverstanden sein.
- Ebenso wie im Training gilt Vertraulichkeit zwischen Gruppe und Trainer.
- Der zeitliche Rahmen für die Tagesveranstaltung sollte definiert und kommuniziert sein.
- Inhalte und Zielsetzung des Follow-ups sowie die Tagesordnungspunkte sind bekannt.
- Störungen, insbesondere dass einzelne Teammitglieder zeitweise nicht anwesend sind, sollten vermieden werden.
- Die Ergebnisse sind messbar, dokumentiert und gehen einen Schritt über die Trainingsergebnisse hinaus.
- Es wird besprochen, wie nicht anwesende Teammitglieder in diesen Prozess integriert werden können.

Inhaltliche Zielsetzungen können sein:

- Beobachtung der Teamsitzung und Feedback an die Gruppe.
- Was hat sich seit dem Training positiv verändert?
- Was funktioniert noch nicht, und welche »Rückfälle« gibt es? Was kann hier verändert werden?
- Welche Schwierigkeiten haben sich im »Tagesgeschäft« gezeigt, die eine Umsetzung der Zielvereinbarung erschweren, und welche Veränderungsmöglichkeiten gibt es?
- Was sind die nächsten Schritte?
- Wünscht die Gruppe ein weiteres Follow-up?

Es erscheint uns wichtig, den letzten Punkt noch kurz zu beleuchten. Grundsätzlich ist es nicht sinnvoll, dass ein Follow-up auf Initiative des Trainers entsteht. Er sollte dies bereits im Vorgespräch beim Thema »Transfer und Zielvereinbarung« erwähnen und empfehlen. Es ist durchaus sinnvoll, während des Trainings oder danach Teamleiter oder Entscheider noch einmal auf diese Möglichkeit hinzuweisen und nur bei deren positiver Resonanz der Gruppe diesen Vorschlag zu machen.

Follow-ups sind meistens Inhouseveranstaltungen, und insofern sind die Rahmenbedingungen hinsichtlich Verhalten und Arbeitsumfeld der Teilnehmer anders als im Training. Da in diesem Rahmen selten Übungen im Freien durchgeführt werden können oder sollten, handelt es sich hier um einen klassischen moderierten Workshop. Je höher die Motivation und Eigenbereitschaft der Gruppe sind, umso erfolgreicher ist die Veranstaltung.

Dies ist natürlich keine neue Erkenntnis und gilt eigentlich für alle Seminare und Veranstaltungen. Durch die Methode der handlungsorientierten Übungen, die in einem Umfeld außerhalb der Firma stattfinden, ist es jedoch leichter, die Gruppe auf eine motivierte Handlungsebene zu begleiten.

Im Idealfall entscheidet der Teamleiter in Absprache mit seinem Team über ein Follow-up. Nachfolgende Veranstaltungen sollten auf Initiative des Teams entstehen. Es ist aber nicht immer ein Follow-up notwendig, weil das Team die Prozesse selbst in die Hand nimmt oder geografisch weit in der Fläche verteilt ist, sodass eigentlich eher ein Folgetraining sinnvoll erscheint.

Hier ist also viel Fingerspitzengefühl notwendig, trotz allem Interesse an der Gruppe und an der scheinbaren Möglichkeit, im Nachhinein noch am Transfer arbeiten zu können, um damit die eigene Arbeit erfolgreicher zu machen. Erfahrungsgemäß sind aber die Entscheidungen über Erfolg und Sinnhaftigkeit spätestens am Ende des Trainings gefallen.

Abschied

> » Du bist am Ende – was du bist.
> Setz dir Perücken auf von Millionen Locken,
> Setz deinen Fuß auf ellenhohe Socken,
> Du bleibst doch immer, was du bist.«

Herr Gabriel und Frau Mikkel saßen in der Cafeteria der Kantine und ließen den Tag noch einmal Revue passieren. Beide waren sehr zufrieden mit dem Verlauf.

»Eines müssen Sie mir noch erklären«, sagte Herr Gabriel.

»Gerne, und das wäre …«

»Die Idee mit der Beobachtung einer Teamsitzung ist ja nichts Neues, aber irgendwie haben Sie das anders gemacht. Irgendetwas war da besonders.«

»Einen Trick gibt es da nicht«, sagte Sarah Mikkel, »aber ich erkläre Ihnen gerne, wie ich auf diese Art gekommen bin und welchen Blickwinkel ich dazu einnehme.«

»Jetzt bin ich aber gespannt …«

»Vielleicht erinnern Sie sich … Bei einem unserer ersten Gespräch sagte ich Ihnen, dass ich auch eine familientherapeutische Ausbildung habe.«

»Das weiß ich noch.«

»Es gab eine amerikanische Therapeutin, ich kann mich gerade nicht an den Namen erinnern, die hatte einen interessanten Ansatz für ihre Arbeit. Wenn ein Familienmitglied mit der Bitte um Hilfe zu ihr kam, war die erste Frage, ob sie in der Familie an einem ganz normalen Abendessen als Beobachterin teilnehmen dürfe.«

»Aha …«

»Ihr Ansatz war, dass die Verhaltensmuster, die in einer Familie herrschen, am einfachsten beim gemeinsamen Abendessen sichtbar werden. Und wissen Sie was – nach meiner Bobachtung stimmt das.«

»Eigentlich wie bei unserem Outdoortraining, man kann sich nicht so einfach verstellen.«

»Guter Vergleich«, fuhr sie fort, »die Therapeutin wollte als Erstes die Kommunikations- und Verhaltensmuster erkennen. Wo gibt es Subsysteme, Opferrollen oder verhärtete Strukturen? Welche Rollen gibt es, wie werden sie wahrgenommen, fehlen Rollen?«

»Tatsächlich interessant, in einer Familie kann es auch mehrere Rollen geben. Ich habe die Vaterrolle, die Ehemannrolle, die Ernährerrolle, weil ich für das Einkommen verantwortlich bin. Je nach Rolle verhalte ich mich anders.«

»In einem Team ist es ähnlich. Wie wird die Leiterrolle interpretiert? Gibt es einen geheimen Leiter? Ich überlege mir: Welche Rollen, sprich Verantwortlichkeiten, gibt es, die für die Aufgaben des Teams notwendig sind? Es gibt zum Beispiel oft ein Team mit Machern, aber niemanden, der sich für die Umsetzung und den Qualitätsanspruch verantwortlich fühlt.«

»Das ist in der Familie ebenfalls so, kochen wollen alle gerne, essen auch. Aber wer spült ab?«

Beide mussten herzhaft lachen.

»Ich habe festgestellt«, sagte Sarah Mikkel nach einer Unterbrechung, »zwischen Teams und Familien ist eigentlich kein Unterschied. Nur kann man das nicht offiziell sagen. Die Beschreibung und die Begrifflichkeiten sind unterschiedlich, aber die Phänomene gleichen sich: Konkurrenz, Wunsch nach Anerkennung, Verteilung der Aufgaben, Übernahme von Verantwortung, gemeinsam ein Ziel erreichen.«

»Das klingt wirklich interessant. Eine Frage habe ich noch zu der Therapeutin. Wenn ich mit der Bitte um Beratung zu dieser Therapeutin gehe, habe ich ja vielleicht den Wunsch nach Diskretion und möchte nicht, dass die Therapeutin dann gleich nach Hause zum Essen kommt, wenn es ohnehin nicht gut läuft.«

»Da haben Sie recht, das sehe ich genauso. Ich denke, dass sie es nicht immer gemacht, aber vielleicht versucht hat. Denn was sie dadurch erreicht, ist gleichzeitig die Offenheit, dass es Probleme gibt, und dass es jemanden gibt, der das verändern will.«

»Sie haben das Team als eine Art Familie gesehen?«, fragte Herr Gabriel.

»Nicht ganz. Aber ich lasse mich von der Grundidee leiten und versuche das System zu erkennen, um Veränderungsmöglichkeiten herauszuarbeiten.«

»Das ist Ihnen heute sehr gut gelungen.«

»Danke, eigentlich ist es dem Team gelungen. Meine Aufgabe bestand darin, Impulse zu geben und den Prozess zu moderieren.«

»Nur mal nicht zu bescheiden sein«, sagte Herr Gabriel.

Sarah Mikkel lächelte.

»Ja, Herr Gabriel, mein Auftrag ist jetzt erledigt. Die Weichen sind gestellt, das Team ist motiviert. Sie können nun den weiteren Prozess begleiten. Ich bedanke mich von Herzen für Ihr Vertrauen. Vielleicht werden wir wieder einmal das Vergnügen haben, zusammen ein Training zu gestalten.«

»Ich habe mich bei Ihnen zu bedanken, Sie haben das großartig gemacht, und wir werden sicher in Kontakt bleiben. Und … weiterempfehlen werde ich Sie natürlich auch.«

Herr Gabriel begleitete Sarah Mikkel nach draußen bis zu Empfangshalle, und dort verabschiedeten sie sich nochmals. Voller Zufriedenheit verließ sie das Gebäude, ging zu ihrem Auto auf dem Firmenparkplatz und fuhr los. Freudig sah sie den neuen Aufgaben, die bereits auf sie warteten, entgegen.

Ein Jahr später

»Es wächst das Glück, dann wird es angefochten,
Man ist entzückt, nun kommt der Schmerz heran,
Und eh' man sich's versieht ist's eben ein Roman.«

Herr Gabriel saß in dem Café und genoss die milde Herbstsonne. Vor einem Jahr hatte er sein erstes handlungsorientiertes Training erlebt und viel Veränderung in das Unternehmen gebracht. Aber auch für ihn selbst hatte sich viel Neues ergeben. Nicht nur in seinem eigenen Denken, sondern auch in seinem privaten Umfeld. Seit einem Jahr kletterte sein Sohn und trainierte intensiv, sodass er inzwischen gut genug war, um in einer Leistungsgruppe mitzuhalten und in der Halle an Wettkämpfen teilzunehmen. Dadurch hatte sein Sohn gelernt, dass es sich lohnt, für ein Ziel zu arbeiten, und dass es nach einem »Absturz« weitergehen muss. Herr Gabriel schüttelte den Kopf und fand das alles unglaublich. Seit sein Sohn kletterte, lief es in der Schule ebenfalls deutlich besser. Zugegeben, er war kein übermäßig fleißiger Schüler und hatte nicht die besten Noten. Aber durch das Klettern hatte er gelernt, zu erkennen, wann es darauf ankommt und wann man sich auch einmal durchbeißen muss. Was früher regelmäßig Streit in der Familie ausgelöst hatte, ging jetzt von selbst. Natürlich musste er seinen Sohn manchmal daran erinnern, zu lernen, die Aufgaben kontrollieren und ihm auch das eine oder andere Mal helfen. Aber im Grunde ging es von selbst, er hatte durch das Klettern gelernt, die Verantwortung für sein Leben zu übernehmen.

Herr Gabriel hatte sich gleichermaßen verändert. Seit er begonnen hatte, sich mit dieser Art von Trainings zu beschäftigen, wurde ihm klar, welche Wirkung die Sprache von Bildern und Metaphern hat. Vieles davon konnte er auf sein eigenes Leben übertragen.

Die Entwicklungen in der Region 8 hatten für großes Aufsehen gesorgt, weil dadurch Veränderungen in Gang gesetzt wurden, die auch andere Bereiche mitzogen. Durch den Qualitätsanspruch und den Teamgeist dieser Region wurden die Bereiche Vertrieb und Marketing deutlich nach vorn gebracht. Innerhalb von weniger als einem halben Jahr war die Region vom letzten Platz ins obere Drittel des Rankings gekommen, und inzwischen konkurrierte sie um einen der ersten drei Plätze.

Herr Gabriel sah auf die Uhr, er musste los, um seinen Sohn abzuholen, und er wollte pünktlich sein. Er bezahlte den Kaffee, stand auf und ging durch die Fußgängerzone zu seinem Auto. Ausgerechnet sein Sohn war es, der die Zuverlässigkeit einfordert hatte, weil er pünktlich zu seinen Wettkämpfen kommen wollte und der Trainer streng auf Disziplin achtete. Plötzlich begannen alle in der Familie, auf Pünktlichkeit zu achten.

»Und alles nur, weil ich vor einem Jahr vergessen hatte, ein Kletterseil als Geburtstagsgeschenk für ihn zu kaufen. Dadurch habe ich Frau Mikkel kennengelernt, mein Sohn das Klettern, die Region 8 ist erfolgreich, mein Chef zufrieden, und meine Arbeit macht mir mehr Spaß denn je. Wie einfach doch alles sein kann.«

Mit einem Lächeln stieg er in sein Auto und fuhr los. – Einige Tage später kam es zum Gespräch mit seinem Vorgesetzten.

»Kommen Sie herein, und setzen Sie sich.«

Die Stimme klang angenehm und freundlich in seinen Ohren, und er konnte sich bereits denken, um was es ging. Langsam ließ er sich auf dem Stuhl im kleinen Besprechungszimmer nieder. Heute empfand er den Stuhl als sehr bequem, denn an diesem Montagmorgen ging es ihm anscheinend besonders gut.

»Möchten Sie etwas trinken?«

»Gerne, Orangensaft bitte.«

Dann herrschte einen Moment schweigen, er sah seinem Chef in die Augen.

»Mein lieber Herr Gabriel, Sie wissen, dass ich Sie sehr schätze. Seit Sie unsere Abteilung Human Resources übernommen haben, funktioniert vieles besser. Darüber hinaus haben Sie es geschafft, wirklich neuen Wind in unsere Region zu bringen. Die Region 8 ist jetzt ganz vorn.«

»Ganz vorn?«

»Sie ist jetzt bereits den zweiten Monat die Nummer 1 in unserem Vertriebsgebiet, und das geht letztendlich auf Ihre Initiative zurück.«

»Das freut mich ...« Herr Gabriel schien etwas unbeholfen. »Nummer 1, das ist schon toll.«

»Nur nicht zu bescheiden, Sie haben mit diesem Training auch ganz schön etwas riskiert. Wenn das nicht geklappt hätte ...«

»Immer das Beste erwarten«, sagte Herr Gabriel schmunzelnd.

»Jetzt wollen wir natürlich den anderen Regionen auch die Chance geben, auf Nummer 1 zu kommen.«

Herr Gabriel horchte auf. »Wollen Sie einen offenen Konkurrenzkampf? Ich finde die Rennlisten eigentlich schon zu viel.«

»Was ist denn Ihre Vision? Wir haben im Vertrieb nun einmal ein leistungsbezogenes Vergütungssystem.«

»Ja, aber es geht nicht nur um die Vertriebsmitarbeiter, sondern auch um alle anderen Teammitglieder wie Backoffice oder Teamassistenz. Wenn wir jetzt noch einen Sprung machen wollen, sollten wir, glaube ich, noch in eine ganz andere Richtung denken. Es geht nicht darum, wer auf Platz 1 ist, das ergibt sich automatisch, wie im Sport. Aus meiner Sicht geht es darum, jedem Mitarbeiter und jeder Mitarbeiterin im Team zu ermöglichen, die individuell bestmögliche Leistung zu bringen.«

»Da stimme ich Ihnen zu. Wo liegt jetzt der Unterschied in unserer Einschätzung?«

Herr Gabriel schwieg einen Moment und dachte nach. »Der Unterschied liegt in der Motivation, oder nennen wir es Intention. Ich glaube, dass Höchstleistung durch innere Zufriedenheit entsteht. Mein Ziel ist es, Rahmenbedingungen zu schaffen, in denen jeder seine individuelle, maximale Leistung erbringen kann.«

Sein Chef wirkte nachdenklich und schwieg.

Herr Gabriel fuhr fort. »Für mich war die wichtigste Lernerfahrung im vergangenen Jahr, dass es meine Aufgabe ist, die Rahmenbedingungen herzustellen, dann ergibt sich alles von selbst. Wir haben das Training ermöglicht, die Follow-ups moderiert, aber die Veränderung hat Schritt für Schritt das Team selbst geschafft, und dadurch ist die Leistung besser geworden.«

»Das ist mir nicht ganz neu, was Sie erzählen, mein lieber Herr Gabriel. Wir haben uns ja schon öfter darüber ausgetauscht. Wenn ich Ihren Ansatz zu Ende denke, steht uns aber ein grundlegender Wandel in der Firma bevor. Ich muss zugeben, dass Sie mit Ihren Einschätzungen im vergangenen Jahr sehr oft richtig gelegen haben.«

»Das mag stimmen, und da möchte ich das Kompliment an Sie zurückgeben. Sie lassen mir den nötigen Freiraum und unterstützen meine Arbeit.«

Sein Chef wirkte verlegen, schien sich aber auch zu freuen. »Kommen wir zum eigentlichen Grund unseres Treffens, Herr Gabriel.«

Abwartend sah er seinen Chef an.

»Ich habe mich entschlossen, dass innerhalb der nächsten sechs Monate die anderen sieben Regionen ebenfalls an diesem Training von Frau Mikkel teilnehmen sollen. Das Budget habe ich vom Vorstand gestern genehmigt bekommen.«

Herr Gabriel war sprachlos.

»Was sagen Sie dazu?«

»Wunderbar, da wird sich Frau Mikkel auch freuen.«

»Sie hat sehr gute Arbeit gemacht, und der Erfolg gibt ihr recht.«

»Mit welcher Region wollen wir denn beginnen?«, fragte Herr Gabriel.

»Sie haben freie Hand. Entwickeln Sie mit Frau Mikkel ein Konzept. Betrachten Sie die Region 8 als Pilot. Natürlich geht es im Training um die Themen der einzelnen Regionen. Aber mir ist besonders wichtig, eine gemeinsame Erfahrung, einen Spirit, einen Unternehmensgeist, ein gemeinsames Verständnis zu erzeugen.«

»Ich denke darüber nach und werde mich in den nächsten Tagen mit Frau Mikkel in Verbindung setzen.«

Sie verabschiedeten sich, und Herr Gabriel kehrte voller Freude und Tatendrang in sein Büro zurück.

Am nächsten Tag griff Herr Gabriel zum Hörer und wählte die Nummer.

»Mikkel, guten Morgen.«

»Guten Morgen, mein Name ist Gabriel. Wissen Sie, wo man ein Kletterseil kaufen kann?«

Erst hörte er einen Moment Schweigen und dann ein schallendes Gelächter.

»Herr Gabriel! Sie haben ja einen tollen Humor!«

»Erinnern Sie sich noch an unser erstes Gespräch?«, fragte er.

»Aber selbstverständlich. Wie geht es Ihrem Sohn?«

Herr Gabriel erzählte ihr, was sich alles in der Zeit seit dem Follow-up ereignet hatte, und Frau Mikkel kam aus dem Staunen nicht heraus.

»Das ist wirklich toll, was Sie da erzählen – und alles nur wegen eines Seils.«

»Ein Seil verändert ein Team und auch noch uns selbst.«

»Aber Herr Gabriel, warum rufen Sie eigentlich an?«

»Ich schätze Ihre humorvolle und direkte Art«, und dann erzählte er von dem Gespräch mit seinem Chef und den möglichen Veränderungen, durch die man jeden dabei unterstützen möchte, individuelle Leistung zu bringen. Über die Trainings sagte er noch nichts.

Sarah Mikkel war begeistert, diese Gedanken zu hören, und gratulierte Herrn Gabriel zu seiner erfolgreichen Arbeit.

»Es gibt da noch etwas«, sagte Herr Gabriel. Dann erzählte er von den sieben anderen Trainings und der Möglichkeit, dadurch einen gemeinsamen Teamspirit zu erarbeiten. Natürlich war Sarah Mikkel sofort begeistert. Sie telefonierten noch einige Zeit, tauschten erste Ideen aus und vereinbarten den Termin für das nächste Treffen.

»Wissen Sie, wie mir das vorkommt?«, fragte sie Herrn Gabriel.

»Wie?«, und sein Grinsen auf der anderen Seite der Leitung war unüberhörbar.

»Wie im Märchen. Das läuft alles so einfach, so glatt. Wenn ich das jemandem erzähle, wird jeder sagen, das sei alles nur ein Wunschtraum.«

»Kitschig ...«

»Ja genau, kitschig«, und beide mussten lachen.

»Liebe Frau Mikkel, Sie sagen doch immer, dass wir unsere Realität selbst erschaffen.«

»Das stimmt auch, und offensichtlich haben wir das gemeinsam ganz gut gemacht.«

»Scheint so«, sagte Herr Gabriel. »Wir sehen uns dann nächste Woche. Ich freue mich.«

»Das ist der Anfang einer wunderbaren Freundschaft ...«, sagte Sarah Mikkel. Dann verabschiedeten sie sich.

»Es stimmt also doch«, dachte Sarah Mikkel, »jedem Ende wohnt ein Anfang inne ...«

Anhang

↗03

Ausklang

Die erlebnispädagogische Arbeit mit Gruppen fasziniert uns nach wie vor durch die ihr innewohnende Kreativität und Abwechslung. Diese Begeisterung und Freude, im schönsten Seminarraum, der Natur, zu arbeiten, wollten wir Ihnen nahebringen. Für uns ist es immer wieder ein besonderes Erlebnis, zu sehen, wie Menschen sich verändern, wenn sie die Möglichkeit haben, frei, kreativ und mit Freude zu arbeiten.

Aus diesem Grund haben wir uns entschieden, keine Lösungswege zu beschreiben, da wir für Trainer und Teilnehmer die Möglichkeit bieten möchten, neue Wege und Möglichkeiten zu (er)finden. Wir freuen uns über Ideen, Rückmeldungen, Kommentare und Fragen, um gemeinsam die Aufgaben im Sinne aller weiterzuentwickeln.

Kurt Hahn, der Gründervater der Erlebnispädagogik, sprach stets davon, unauslöschliche Erlebnisse für Menschen zu schaffen. Natürlich wollte er das vor allem durch die Aktivitäten in der Natur: Segeln, Klettern, Wandern. Doch gerade in der heutigen Zeit halten wir diese Art, zu arbeiten, für wichtig. Die großen Firmen befinden sich auf riesigen Flächen, aber Bäume gibt es höchstens auf dem Parkplatz. Das ist nicht als Systemkritik gemeint, sondern schlicht als Beschreibung. Wir verlassen diese Alltagserfahrung, machen neue Erfahrungen, kehren damit in den Alltag zurück und verändern so unsere Realität.

Bei aller Automatisierung und großem technischem Fortschritt ist es noch immer der Mensch, der Produkte entwickelt, baut, verkauft und vor allem auch kauft. Der Mensch steht noch immer im Mittelpunkt, er lebt in der Natur und entfaltet sich durch sein Handeln.

An dieser Stelle endet unsere Geschichte. Wir verabschieden uns von unseren beiden Protagonisten Sarah Mikkel und Herrn Gabriel.

Abschiede sind Zeiten für Dankbarkeit

Bedanken möchten wir uns bei der Idee und Organisation von Outward Bound. In diesem erlebnispädagogischen Rahmen haben wir die Arbeit kennen- und schätzen gelernt. Gemeinsam mit vielen Kollegen und Kolleginnen haben wir Ideen ausgetauscht, erfunden und weiterentwickelt.

Besonderer Dank gilt den vielen Teilnehmerinnen und Teilnehmern an unseren Seminaren, Kursen und Trainings, denn ohne sie gäbe es weder unsere Arbeit noch dieses Buch. Wir bedanken uns für die Offenheit, Neugier und Kooperation.

Last, but not least danken wir unseren Freunden und Partnern für ihre Geduld, wenn wir an diesem Buch gearbeitet haben, und für die Bereitschaft, unsere Arbeit zu unterstützen und mitzutragen, denn erlebnispädagogisches Arbeiten bedeutet vor allem eines: unterwegs zu sein.

Jetzt sind Sie an der Reihe, liebe Leserin und lieber Leser: Der Vorhang ist auf und die Bühne frei für Ihre Arbeit, Ihre Settings, Ihre Trainings und Ihren Erfolg. Gemeinsam mit den Entscheidern, Teamleitern und den Gruppen können Sie jetzt einen neuen Kosmos erschaffen. Die Möglichkeiten sind nahezu unbegrenzt.

In diesem Sinne wünschen wir Ihnen viel Freude an Ihrer Arbeit und unauslöschliche Erlebnisse.

Der Kompass

»Ich bin von je der Ordnung Freund gewesen.«

Sarah Mikkel und Herr Gabriel haben versucht ein thematisches System zu den Aufgaben und Übungen zu erstellen. Natürlich kann so eine Aufstellung nicht perfekt und eindeutig sein. Unterschiedliche Meinungen wird es immer geben. Nach einer ausführlichen Diskussion haben sich aber unsere beiden Protagonisten darauf geeinigt, drei Kategorien festzulegen. Diesen sind jeweils relevante Begriffe zugeordnet. Dabei gilt: Die Zuordnung der Aufgaben ist nicht nur Oberbegriff, sondern die entsprechenden Unterbegriffe können auch als inhaltlicher Schwerpunkt der jeweiligen Übung für das entsprechende Setting angewendet werden.

Weiterhin finden sich in der Tabelle die vier Teamphasen nach Tuckman. Die Angaben sind eine Empfehlung und basieren auf den Erfahrungen von Sarah Mikkel und Herrn Gabriel. Manche Aufgaben eignen sich für eine Phase oder zwei Phasen, andere sogar für alle vier. Hier ist stets das Setting entscheidend, um eine Aufgabe auf den Teamprozess maßgeschneidert anzupassen.

Dieser »Kompass« soll unseren Leserinnen und Lesern zur Orientierung dienen. Je nachdem auf welches Thema im entsprechenden Teamprozess fokussiert werden soll, kann diese Aufstellung als Vorschlag und Inspiration dienen. Ein Kompass gibt die Richtung an, das bedeutet aber nicht, dass man deswegen auch zuverlässig das Ziel erreicht. Auf dem Weg sind immer wieder Selbstüberprüfungen und Standortbestimmungen gefragt. Ebenso ist es in einem Training. Die letztendliche Entscheidung wird meist situativ getroffen.

Hier nun die drei thematischen Kategorien, die Sie, liebe Leserinnen und
Leser, gerne thematisch erweitern können:

Persönlichkeit

- Geben und Annehmen.
- Vereinbarungen treffen.
- Verantwortung übernehmen.
- Vertrauen.
- Durchhaltevermögen.
- Motivation.
- Kreativität.

Team

- Rollen im Team.
- Kommunikation.
- Regeln einhalten.
- Alle Teilnehmer integrieren.
- Abstimmungsprozesse.
- Kooperation.
- Konkurrenz.
- Moderation.

Erfolg

- Knappe Ressourcen.
- Schnittstellen.
- Planung.
- Qualität.
- Strategie.

Aufgaben	Transferthemen			Teamphasen			
	Persönlichkeit	Team	Erfolg	Forming	Storming	Norming	Performing
Gratwanderung	×	×		×	×		
Optimum	×	×		×		×	
Ressourcenquadrat	×	×	×		×	×	
Buchstabenlegen		×	×		×	×	
Night-Line	×	×		×		×	
Gordischer Knoten	×	×		×			
Team-Seilspringen	×	×		×			
Zielfoto	×	×		×	×		
Kleiner Zaun		×	×			×	×
Seilknoten		×		×	×	×	×
Seilkonstruktion		×	×			×	×
Eckenstrategie		×	×		×	×	×
Spinnennetz	×	×	×			×	×
Kalkulator		×	×	×	×	×	
Schneesturm	×	×		×	×		
Schafe und Schäfer	×	×			×	×	

Kompass für die Aufgaben und Übungen

Literaturverzeichnis

> »Ich denke mir, wie viel es nützt;
> Denn, was man schwarz auf weiß besitzt,
> Kann man getrost nach Hause tragen.«

Wir haben Sarah Mikkel und Herrn Gabriel nach ihren Literaturempfehlungen zu unterschiedlichen Themen gefragt, und die beiden haben ihre persönlichen Favoriten zusammengestellt.

Wichtig erschien uns, nicht einzelne Bücher zu kommentieren, sondern verschiedene Bereiche zu beschreiben, um Wissen, Inspiration und Kreativität zu berücksichtigen.

Klassiker zur Erlebnispädagogik, zur Trainingsform und über den Tellerrand hinaus

Goethe, Johann Wolfgang von: *Faust*. München 1996 (Hrsg. v. Erich Trunz).
Hahn, Kurt: *Erziehung zur Verantwortung*. Stuttgart 1958.
Heckmair, Bernd/Michl, Werner: *Erleben und Lernen*. München, 7. Auflage 2012.
Schad, Niko/Michl, Werner (Hrsg.): *Outdoor-Training*. Personal- und Organisationentwicklung zwischen Flipchart und Bergseil. München, 2. Auflage 2004.

Spiele, Aufgaben, Übungen

Hier finden Sie die meisten der beschriebenen Aktivitäten. Diese Bücher sind wahre Schatztruhen für bekannte, neue und unbekannte »Settings«.

Etzel, Gerhard: *Tools und Spiele*. Ein Bastelbuch für Teamtrainings und Verhaltensplanspiele. Books on Demand. Norderstedt 2007.
Gilsdorf, Rüdiger/Kistner, Günter: *Kooperative Abenteuerspiele*. Band 1. Seelze 1995. Band 2. Seelze 2000.

Heckmair, Bernd: *20 erlebnisorientierte Lernprojekte.* Szenarien für Trainings, Seminare und Workshops, Weinheim und Basel 2008, 3. Auflage.

Kölsch, Hubert/Wagner, Franz-Josef: *Erlebnispädagogik in der Natur.* Ein Praxisbuch für Einsteiger. München, 2. Auflage 2004.

Reiners, Annette: *Praktische Erlebnispädagogik, Band 1 und 2.* Augsburg 2007.

Sikes, Sam: *Feeding the Zircon Gorilla: And Other Team Building Activities.* 1995 (nur in englischer Sprache erhältlich).

Voss, Tobias: *Die Metalog-Methode.* Hypnosystemisches Arbeiten mit Interaktionsaufgaben. Berlin 2010.

Moderation und Transfer

Viele Wege führen zum Ziel, wichtig ist, den richtigen zu finden – für Gruppe und Trainer.

Bacon, Stephen: *Die Macht der Metapher.* Augsburg, 2. Auflage 2003.

Hartmann, Martin: *Zielgerichtet moderieren.* Ein Handbuch für Führungskräfte, Berater und Trainer. Weinheim und Basel, 6. Auflage 2012.

Knoll, Jörg: *Kurs- und Seminarmethoden.* Ein Trainingsbuch zur Gestaltung von Kursen und Seminaren, Arbeits- und Gesprächskreisen. Weinheim und Basel, 11. Auflage 2007.

Müller, Gabriele: *Systemisches Coaching im Management.* Das Praxisbuch für Neueinsteiger und Profis. Weinheim und Basel, 3. Auflage 2012.

Gruppen und Teams

Wissenswertes über Gruppenprozesse und Tipps, wenn es einmal nicht so läuft wie geplant (was nicht immer schlecht sein muss ...).

Langmaack, Barbara/Braune-Krickau, Michael: *Wie die Gruppe laufen lernt.* Weinheim, 8. Auflage 2010.

Lumma, Klaus: *Die Teamfibel.* Oder das Einmaleins der Team- & Gruppenqualifizierung im sozialen und betrieblichen Bereich. Hamburg, 3. Auflage 2006.

Priest, Simon/Gass, Michael: *Effective Leadership in Adventure Programming.* 2nd Edition 2005 (nur in englischer Sprache erhältlich).

Stahl, Eberhard: *Dynamik in Gruppen: Handbuch der Gruppenleitung.* Weinheim, Basel, 3. Auflage 2012.

Tuckman, Bruce W.: *Developmental sequence in small groups.* Psychological Bulletin, 63, 384–399, 1965.

Tuckman, Bruce W./Jensen, Mary Ann C.: *Stages of Small-Group Development Revisited.* Group and Organizational Studies, 2. 419–427, 1977.

Kreativität, Storytelling und Fantasie

Sarah Mikkel und Herr Gabriel plaudern aus dem Nähkästchen.

Baer, Ulrich: *Kreativität für alle.* Phantasieanregende Ideen für die pädagogische Arbeit. Seelze 2001.

Cameron, Julia: *Der Weg des Künstlers.* München 2009.

Csikszentmihalyi, Mihaly: *Kreativität: Wie Sie das Unmögliche schaffen und Ihre Grenzen überwinden.* Stuttgart, 7. Auflage 2007.

Masemann, Sandra/Messer Barbara: *Improvisation und Storytelling in Training und Unterricht.* Weinheim und Basel 2009.

BELTZ WEITERBILDUNG

Franz Will
Teamkonflikte erkennen und lösen
Zwischen Emotionen und Sachzwängen
2012. 216 Seiten. Gebunden.
ISBN 978-3-407-36523-1

Solange Teams in eine gemeinsame Richtung gehen und gerne zusammenarbeiten, klappt die Arbeit hervorragend. Was aber, wenn Probleme auftauchen? – Franz Will zeigt, wie man Konflikte schon im Ansatz erkennt, sie analysiert, steuert und entschärft. Die Checkliste zur Teamdiagnose gibt erste Anhaltspunkte zur Bearbeitung von Teamkonflikten. Die vielen Beispiele und Lösungsansätze erleichtern die Umsetzung in die Praxis. Auch Themen wie Intuition, die Zusammenarbeit mit Nerds, Opfer-Täter-Dynamik, gravierende Leitungsfehler und Burnout werden behandelt.

Sylvana Grabitzki, Thomas Späth
Leben und Arbeit in Balance
Strategien und Übungen für Trainer, Coaches und Berater
2012. 240 Seiten. Gebunden.
ISBN 978-3-407-36520-0

Die beiden Experten für Work-Life-Balance vermitteln in diesem Buch ihr Know-how so praxisnah und anschaulich, dass Trainer, Berater und Coaches die Übungen und Strategien in ihre Arbeit integrieren, in Seminaren einbauen und an ihre Klientel weitergeben können. Sie geben zudem einen klaren Einblick in die Gesetzmäßigkeiten von Balance und stellen acht konkrete Strategien für mehr Balance vor.

www.beltz.de